配电网馈线故障区段定位的最优化模型与算法

郭壮志　著

黄河水利出版社
·郑州·

内 容 提 要

本书紧密围绕配电网故障区段定位最优化方法的主题开展研究，主要内容包括配电网故障定位的群体智能方法、线性整数规划方法、互补优化方法、牛顿－拉夫逊方法、预测校正算法等。

本书可作为从事配电网运行与管理领域工作的科研人员、工程技术人员和技术管理人员的参考书，也可作为普通高等院校电力系统及其自动化专业研究生的辅导教材。

图书在版编目(CIP)数据

配电网馈线故障区段定位的最优化模型与算法/郭壮志著. —郑州：黄河水利出版社，2019.11

ISBN 978－7－5509－1301－1

Ⅰ.①配…　Ⅱ.①郭…　Ⅲ.①配电系统－馈电设备－故障定位－优化模型－研究②配电系统－馈电设备－故障定位－最优化算法－研究　Ⅳ.①TM727

中国版本图书馆 CIP 数据核字(2019)第 238921 号

组稿编辑：陶金志　电话：0371－66025273　E-mail：838739632@qq.com

出 版 社：黄河水利出版社　　网址：www.yrcp.com

地址：河南省郑州市顺河路黄委会综合楼 14 层　　邮政编码：450003

发行单位：黄河水利出版社

发行部电话：0371－66026940、66020550、66028024、66022620(传真)

E-mail：hhslcbs@126.com

承印单位：河南新华印刷集团有限公司

开本：787 mm×1092 mm　1/16

印张：10.5

字数：183 千字　　印数：1—1 000

版次：2019 年 11 月第 1 版　　印次：2019 年 11 月第 1 次印刷

定价：59.00 元

前　言

本书是在国家自然科学基金青年基金项目——基于预测校正技术的配电网故障定位方法研究(51707057)的资助下完成的。配电网故障区段定位对于提高配电网自愈性和运行可靠性具有重要作用,随着智能化终端设备的广泛应用,基于故障电流报警信息的配电网故障定位优化技术因容错性和通用强而成为学术界的研究热点,但目前其模型和算法仍然处于有待完善阶段。本书针对当前以逻辑建模理论为基础的馈线故障辨识最优化理论在决策效率、数值稳定性等方面面临的难题,主要围绕配电网馈线故障定位的最优化代数模型与算法开展研究,以便为基于最优化理论框架下配电网故障定位理论体系的完善发挥一定作用。本书主要包括以下内容:

第1章绪论。阐述了配电网故障定位技术的研究背景;简要介绍了配电网的概念及分类;简要分析了中压配电网典型接线模式、优缺点与选择方法;简要介绍了配电网中性点接地方式的概念与分类,分析了中性点接地方式对电压、故障电流、通信可靠性等的影响,简要分析了中性点接地方式对配电网供电可靠性的影响;分析了配电网中性点接地方式的选择方法;阐述了配电网自动化背景下的馈线故障区段最优化方法的研究现状。

第2章配电网远方控制馈线自动化。简要介绍了配电网馈线自动化的发展;介绍了重合器、断路器、分段器等三种馈线自动化开关设备的结构特点与功能,概括了其配置方法与原则;简要介绍了智能化终端设备 FTU 的概念、组成和功能及配置方法;概括总结、简要分析和比较了两种远方控制馈线自动化模式的结构、故障定位过程、优缺点等;简要介绍了配电网 SCADA 的功能特点、系统组成及其与配电网集中智能型馈线自动化间关系等内容;简要介绍了配电网 GIS 的功能特点、监控对象与任务、系统配置及与配电网集中智能型馈线自动化间的关系等内容。

第3章配电网故障辨识最优化基础理论。简要阐述了约束优化问题数学模型、决策解概念及最优化问题建模分析步骤;阐述了配电网故障辨识最优化问题,并分析其故障辨识优化模型的通用表达形式;简要介绍了配电网馈线故障辨识的逻辑优化建模和代数建模方案,并针对其群体智能和内点法两类决策方法进行概括总结,分析两类建模方案及决策方法的特点。

第4章配电网馈线故障辨识的模式搜索算法。围绕着基于模式搜索算法的配电网馈线故障辨识技术,详细阐述了基于模式搜索的配电网馈线故障定位基本原理,并将其应用于环网开环运行配电网的故障定位问题,通过和遗传算法进行比较,验证模式搜索算法的数值稳定性,并分析轮询方法的选取对模式搜索算法进行故障定位有效性的影响,在初始点为可行点的前提下,采用GPS Positive basis 2N轮询方法模式搜索算法的综合性能最佳,契合小规模配电网的馈线故障定位。

第5章配电网馈线故障辨识的整数规划模型和线性整数规划算法。围绕着配电网馈线故障辨识的线性整数规划技术,详细阐述了故障定位数学模型建模基本思想、模型参数确定和编码、基于代数关系描述的开关函数模型构建方法;详细论述了基于代数关系描述的配电网故障定位绝对值数学模型构建方法,并基于等价转换思想提出配电网故障定位的线性整数规划模型;从理论上分析了配电网故障定位线性整数规划模型的容错性和有效性;详细阐述了基于整数规划的配电网故障定位数学模型工程技术方案和具体实施方式。

第6章配电网馈线故障辨识的互补优化模型和光滑化算法。围绕着配电网馈线故障辨识的互补优化技术,针对基于互补优化的配电网故障定位数学模型,详细阐述了建模基本思想、模型参数确定和编码、基于代数关系描述的开关函数模型构建方法;详细论述了基于代数关系描述的配电网故障定位非线性整数规划数学模型构建方法,并基于互补约束等价转换思想提出配电网故障定位的互补优化模型;从理论上分析了配电网故障定位互补优化模型的容错性和有效性;详细阐述了基于互补优化的配电网故障定位数学模型工程技术方案和具体实施方式。

第7章配电网馈线故障辨识的方程组模型及牛顿-拉夫逊算法。围绕着配电网馈线故障辨识的辅助因子技术,针对基于辅助因子的配电网故障定位数学模型,详细阐述了建模基本思想、模型参数确定和编码、基于代数关系描述的开关函数模型构建方法;详细论述了配电网故障定位线性方程组数学模型构建方法,并基于互补约束等价转换思想提出配电网故障辨识的辅助因子技术;阐述了模型决策求解的牛顿-拉夫逊法;从理论上分析了配电网故障定位线性方程组模型的容错性和有效性;详细阐述了基于辅助因子的配电网故障定位数学模型工程技术方案,并进一步论述了配电网故障定位装置的具体实施方式。

第8章配电网故障定位的层级模型和预测校正算法。为有效解决互补约束故障定位模型缺乏多重故障强辨识能力及决策方法存在的数值稳定性问题，本章借鉴配电网故障定位模型的代数关系建模优势，基于分层解耦策略，提出配电网层级划分原理，构建开关函数模型，并基于最佳逼近关系理论，建立解耦策略与代数关系描述的具有多重故障强适应性的配电网故障定位层级优化模型，基于松弛策略和二次规划极值理论，提出具有全局收敛特点且无需对离散变量直接优化决策的模型求解预测校正算法。

第9章总结与展望。对当前已有的配电网故障辨识的最优化技术的主要工作和取得的成果进行概括和总结，提出未来亟待进一步研究的内容。

作　者

2019年9月

目　录

第1章 绪 论

1.1 配电网的概念与分类

1.1.1 配电网的基本概念

电力系统由发电环节、变电环节、送电环节和配电环节四部分组成,配电网属于配电环节,其从输电网或地区发电厂接受电能并通过配电设施就地分配或按电压逐级分配给各类用户,在结构上其由架空线路、电缆、杆塔、配电变压器、隔离开关、无功补偿电容以及一些附属设施等组成。因此,通常将电力网中主要起分配电能作用的网络称为配电网。在国家电网有限公司2017年发布的《配电网技术导则》中明确指出,配电网指的是从电源侧(输电网、发电设施、分布式电源等)接受电能,并通过配电设施逐级或就地分配给各类用户的电力网络[1]。

1.1.2 配电网的分类

配电网通常按照电压等级、供电区域、线路类型等进行分类。

配电网依据电压等级可分为高压配电网(35~110 kV),中压配电网(10 kV、20 kV),低压配电网(220/380 V)[2]。在负载率较大的特大型城市中,220 kV电网也有配电功能。

我国中压配电网以10 kV电压等级为主。但随着近年来经济的迅猛发展,用电需求急剧攀升,10 kV配电系统呈现出容量小、损耗大、供电半径短、占用通道多等劣势,配电网建设与土地资源利用的矛盾日益显现,出现了20 kV电压等级配电网供电新模式。与35 kV电压等级配电网相比,20 kV电压等级配电网可降低造价、节约土地、减少电压转换环节、集约利用廊道资源。与10 kV电压等级配电网相比,20 kV电压等级配电网供电半径增加60%,供电范围扩大1.5倍,供电能力提高1倍,输送损耗降低75%,在通道宽度基本相当、输送功率相同时,可减少变电站和线路布点数。

依据供电区的功能和服务对象可分为城市配电网、农村配电网和工厂配电网等。

依据配电线路类型的不同分为架空配电网、电缆配电网和架空电缆混合配电网等。

1.2 配电网的典型接线方式

1.2.1 配电网接线方式概述

1.2.1.1 配电网接线方式的基本概念

配电网接线方式指的是:为可靠、经济分配电能及满足供电需求,按照一定的连接规则,将一定区域范围内的某电压等级电源点及本级用户之间,通过配电线路连接构成的网络连接方式。配电网接线方式不仅关系到配电网的供电能力、灵活性和可靠性,且会直接影响到配电网故障时的特征信息。为有效实现配电网的故障诊断和辨识,该领域人员需要了解和掌握配电网相关的典型接线方式。高压配电网是连接输电网与中压配电网的桥梁,其结构性能对功率的分布有重要影响,直接关系着供电的可靠性和经济性,中压配电网是高、低压配电网承上启下的环节。本节主要对 110 kV、35 kV 和 10 kV 典型的配电网接线方式进行介绍,以为后续章节所涉及的配电网故障诊断理论建模提供知识基础。

1.2.1.2 配电网接线方式中相关术语

本书中术语引自《中国南方电网公司 110 千伏及以下配电网现有典型接线方式》[3]。所涉及的术语包括配电网电源、辐射型接线、链型接线、T 型接线、环网型接线、分段开关和联络开关等。

1. 配电网电源

配电系统中,向本级配电网供应电能的上级变电站(配电站、开关站),以及接入本级配电网的发电厂(包括分布式电源),称为配电网电源。

工程中,通常把一座发电厂(或电源变电站)作为一个电源点。有一个电源点的接线称为"单侧电源"接线,有两个电源点的接线称为"双侧电源"接线,有 n 个电源点的接线称为"n 侧电源"接线。

但应该注意,"单侧电源"和"单电源"两概念之间并不完全相同。在配电网接线中出现"单电源"供电时,表明该配电网一定是由"单侧电源"供电,但"单侧电源"不一定表示该配电网是由"单电源"供电,也有可能是由"双电源"或"多电源"供电;在配电网接线中出现"双侧电源"供电时,表明该配电网一定是由“双电源”供电，但“双电源”供电不一定是“双侧电源”供电，也可能是“单侧电源”供电。

2. 辐射型接线

配电网辐射型接线需按照电压等级给出不同的定义。在高压配电网中，辐射型接线指的是从上级电源变电站引出一回或双回配电线路，接入本级变电站的母线或桥，且末端未与其他电源点连接的接线方式；在中低压配电网中，辐射型接线指的是从单个电源引出单回配电线路，且不与其他线路联络的接线方式。

3. 链型接线

链型接线指的是高压配电网从上级电源变电站引出一回或双回配电线路，接入本级变电站的母线或桥，并依次串接一个及以上的变电站，末端通过另外一回或双回线路与起始电源点或其他电源点相连而形成链条状的接线方式。

4. T 型接线

T 型接线指的是由高压配电网上级电源变电站引出同一电压等级的一回或多回线路，从每回线路上依次接支线分别作为相连变电站一台主变压器的电源，构成形如英文字母“T”的接线方式。

5. 环网型接线

中压配电网中，从起始电源点引出一回或双回配电线路，接入本级配电站（开关站）的母线，并依次串接数个配电站、开关站，末端通过另外一回或双回线路与起始电源点或其他电源点相连，形成首尾相连的环形接线方式，通常情况下选择在环的中部开环运行。

6. 分段开关和联络开关

开关设备根据其在网络中的功能定位可分为起分段作用的分段开关和起联络作用的联络开关。分段开关指的是配电线路主通道上将线路分成若干段的开关，正常情况下分段开关闭合，故障时，故障段两侧分段开关断开将故障段隔离，以减少故障停电范围；联络开关指的是配电线路主通道上为实现负荷转供而用来联结两回配电线路的开关，以实现线路间互为备用，提高转供能力，正常情况下联络开关处于断开状态。

7. 完全接线和不完全接线

根据配电网接线的结构特性，分为完全接线和不完全接线。在链型接线和 T 型接线中，每回线路从起始电源点依次经过本级变电站，再连接到另一个电源点或起始电源点的接线，称为完全接线，否则为不完全接线；辐射型接线为不完全接线；中压配电网环网接线、n 供一备接线、多分段 n 联络型接线规定为完全接线。

8. 目标接线与过渡接线

目标接线是指在某个饱和状态阶段，变(配)电站、开关站及线路的数量及其规模按照最终目标建成投运后采用的接线方式；过渡接线是指变(配)电站、开关站及线路的数量及其规模尚未按照最终目标建成时采用的接线方式，是向最终规划目标网架的过渡。

1.2.2 高压配电网典型接线

高压配电网 110 kV 典型接线有辐射型典型接线、链型典型接线和 T 型典型接线。辐射型典型接线有单回辐射型接线和双回辐射型接线；链型典型接线有单侧电源单回链型接线、双侧电源单回链型接线、单侧电源不完全双回链型接线、双侧电源不完全双回链型接线和双侧电源完全双回链型接线；T 型典型接线有单侧电源单 T 型接线、单侧电源双 T 型接线、单侧电源三 T 型接线、双侧电源不完全双 T 型接线、双侧电源完全双 T 型接线、πT 型接线和双侧电源不完全三 T 接线。

1.2.2.1 单回辐射型接线

单回辐射型接线的典型接线有单回辐射型一站一变式接线和单回辐射型两站两变式接线。图 1-1 所示为单回辐射型一站一变式接线；图 1-2 所示为单回辐射型两站两变式接线。采用该类接线时，无论是一站一变式接线还是两站两变式接线，其主变压器只有一个电源点，运行不够灵活，且若电源或线路出现故障，将造成变电站停电，供电可靠性低，不能满足 N－1 安全准则。一站一变式接线时，若变电站主变出现故障或检修，将造成供电负荷暂时失电，与两站两变式接线相比其供电可靠性更低。单回辐射型接线虽供电可靠性低，但其可扩展性强，依照当前高压配电网供电安全准则，其可应用于 D、E 类供电区域的 110 kV 和 35 kV 高压配电网过渡接线。

1.2.2.2 双回辐射型接线

双回辐射型接线的典型接线有一站两变式接线、一站三变式接线和两站两变式接线。图 1-3 所示为双回辐射型一站两变式接线；图 1-4 所示为双回辐射型一站三变式接线；图 1-5 所示为双回辐射型两站两变式接线。采用该类接线时，一站两变式接线、一站三变式接线和两站两变式接线的变电站主变压器供电时中间都有断路器进行分段，电源在无故障时，变电站间为双联络线，通过两回线路可实现互为备用供电，能够满足 N－1 安全准则，与单回辐

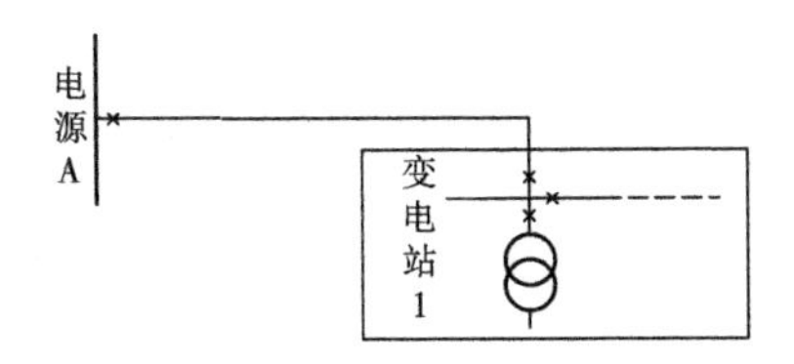

图 1-1　单回辐射型一站一变式接线

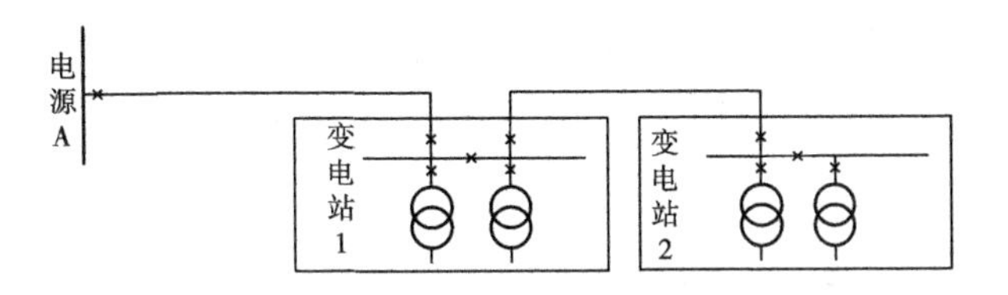

图 1-2　单回辐射型两站两变式接线

射型接线相比其供电可靠性高。不足之处在于采用该类接线方式时,只有一个主电源点,运行方式不够灵活。依照当前高压配电网供电安全准则,一站两变和一站三变式接线可应用于 A、B、C 类供电区 110 kV 和 35 kV 高压配电网过渡接线和 D、E 类供电区高压配电网目标接线;两站两变式接线可应用于 D、E 类供电区 110 kV 和 35 kV 高压配电网目标接线。

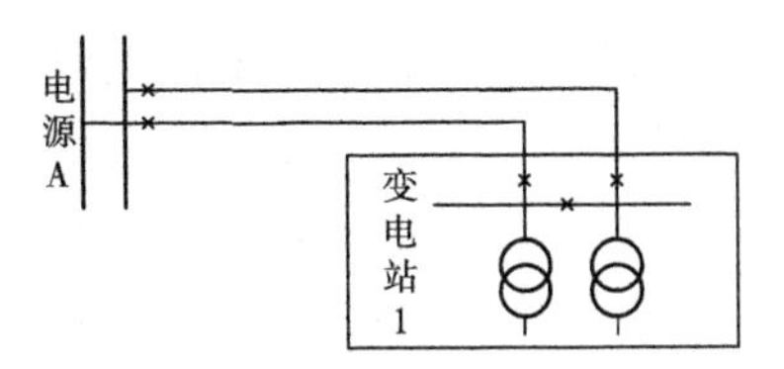

图 1-3　双回辐射型一站两变式接线

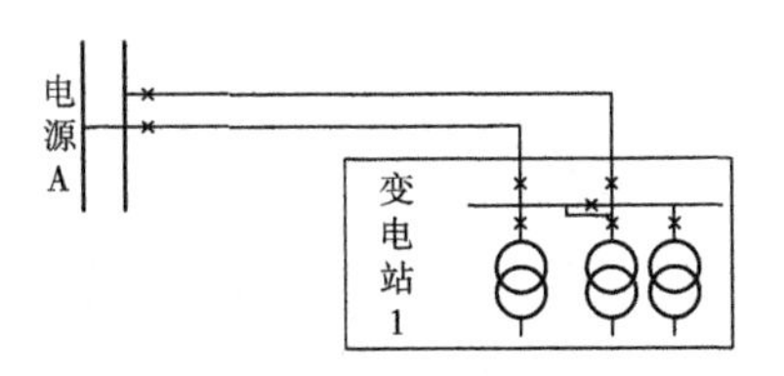

图 1-4　双回辐射型一站三变式接线

1.2.2.3　单侧电源单回链型接线

图 1-6 所示为单侧电源单回链型接线。该接线模式下,变电站间有联络线连接,供电可靠性可满足 N－1 准则。该模式的不足之处在于,只有一个电

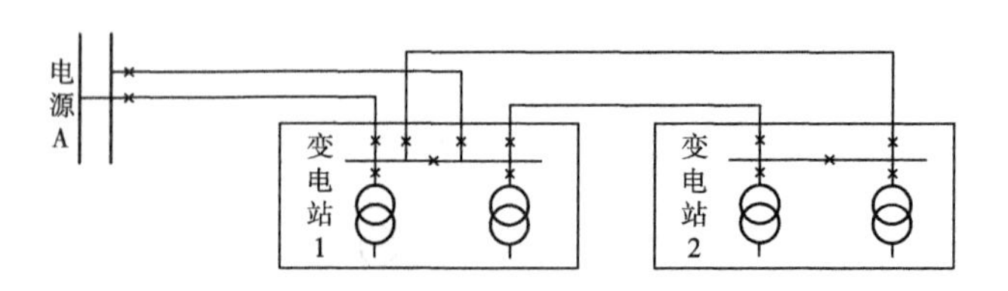

图 1-5　双回辐射型两站两变式接线

源点，运行灵活性不高，串联的变电站数不宜超过三个；变电站间虽然有联络线，但只有一条，供电可靠性相对不高。依照当前高压配电网供电安全准则，单侧电源单回链接线可应用于 D、E 类供电区 110 kV 和 35 kV 高压配电网目标接线。

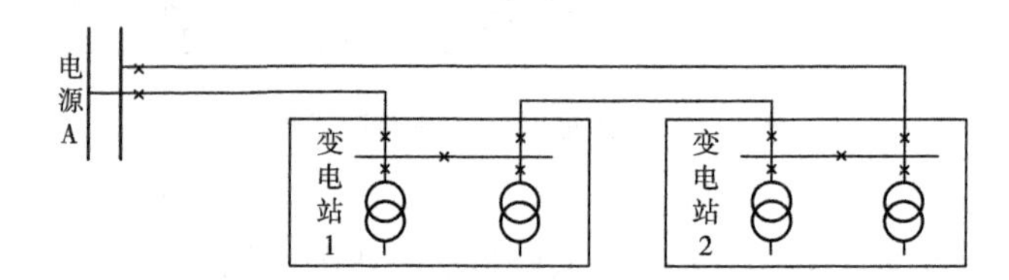

图 1-6　单侧电源单回链型接线

1.2.2.4　双侧电源单回链型接线

图 1-7 所示为双侧电源单回链型接线。该接线模式下，具有两个电源点，运行灵活性好，变电站存在联络线，一般情况下供电时可实现互为备用，满足 N－1可靠性准则。该模式的不足之处在于，变电站间虽然有联络线，但只有一条，供电可靠性相对不高，串联的变电站个数不宜超过三个。依照当前高压配电网供电安全准则，双侧电源单回链接线可应用于 D、E 类供电区 110 kV 和 35 kV 高压配电网目标接线，若只串一个变电站，可也应用于 B、C 类供电区 110 kV 和 35 kV 目标接线。

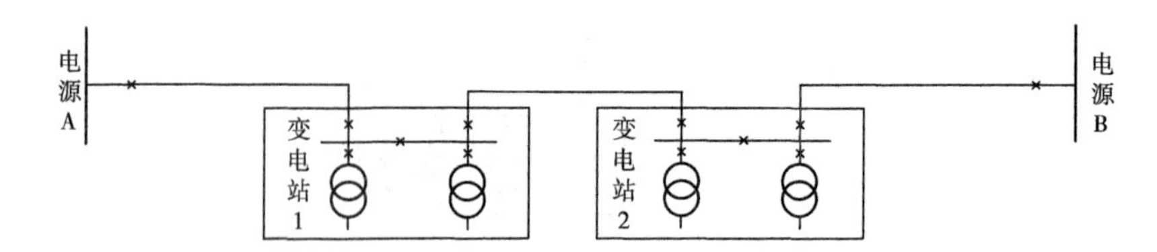

图 1-7　双侧电源单回链型接线

1.2.2.5　单侧电源不完全双回链型接线

图 1-8 所示为单侧电源不完全双回链型接线。该接线模式下，具有一个

电源点，运行灵活性不高，但因采用不完全双回链型接线，供电时可实现互为备用，满足 N－1 可靠性准则，串接的变电站个数不宜超过三个。依照当前高压配电网供电安全准则，单侧电源不完全双回链型接线适用于 C、D 类供电区 110 kV 电网目标接线。

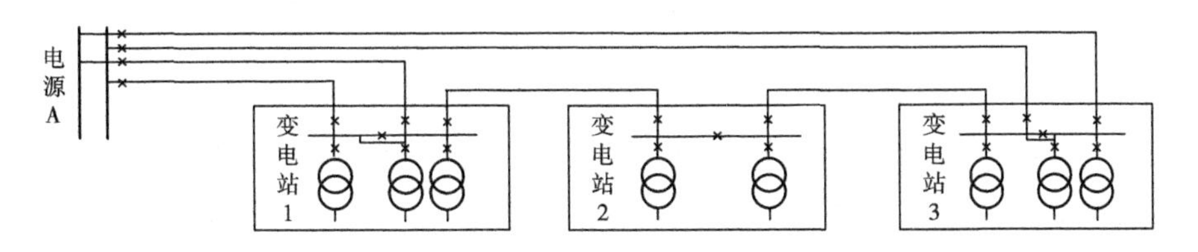

图 1-8　单侧电源不完全双回链接线

1.2.2.6　双侧电源不完全双回链型接线

图 1-9 所示为双侧电源不完全双回链型接线。该接线模式下，具有两个电源点，运行灵活性高，但因采用不完全双回链型接线，供电时可实现互为备用，满足 N－1 可靠性准则，缺点是母线有较大的穿流功率。依照当前高压配电网供电安全准则，双侧电源不完全双回链型接线适用于 A、B 类供电区 110 kV 电网目标接线。

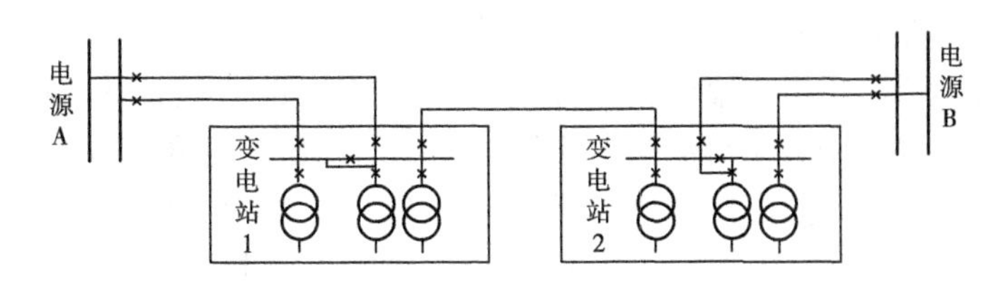

图 1-9　双侧电源不完全双回链型接线

1.2.2.7　双侧电源完全双回链型接线

双侧电源完全双回链型接线的典型接线有两站三变完全双回链型接线、三站三变完全双回链型接线和两站四变完全双回链型接线。图 1-10 所示为双侧电源两站四变完全双回链型接线。该接线模式下，具有两个电源点，运行灵活性高，采用完全双回链型接线，供电可靠性高，供电时可实现互为备用，满足 N－1 可靠性准则。该接线模式的缺点是母线有较大的穿流功率，串接的变电站不宜超过三个。依照当前高压配电网供电安全准则，双侧电源完全双回链型接线适用于 A 类供电区 110 kV 电网目标接线。

1.2.2.8　单侧电源单 T 型接线

图 1-11 所示为单侧电源单 T 型接线。该接线模式下，具有一个电源点，

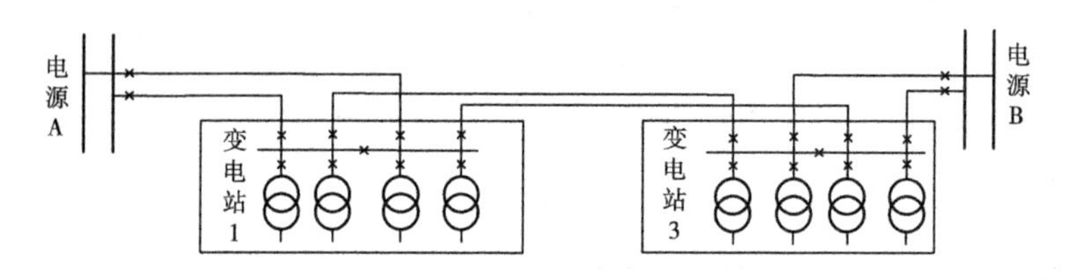

图 1-10　双侧电源两站四变完全双回链型接线

运行灵活性不高，供电可靠性低，不满足 N－1 可靠性准则。依照当前高压配电网供电安全准则，单侧电源单 T 型接线适用于 D、E 类供电区 110 kV 和 35 kV 高压配电网过渡接线。

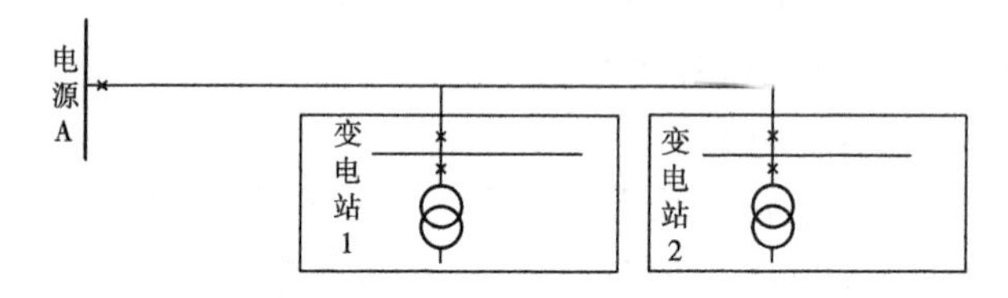

图 1-11　单侧电源单 T 型接线

1.2.2.9　单侧电源双 T 型接线

图 1-12 所示为单侧电源双 T 型接线。该接线模式下，具有一个电源点，运行灵活性不高，供电可靠性比单侧电源单 T 型接线高，满足 N－1 可靠性准则，串接的变电站个数不应超过两个。依照当前高压配电网供电安全准则，单侧电源双 T 型接线适用于 A、B、C 类供电区 110 kV 和 35 kV 高压配电网过渡接线，D、E 类供电区 110 kV 和 35 kV 高压配电网目标接线。

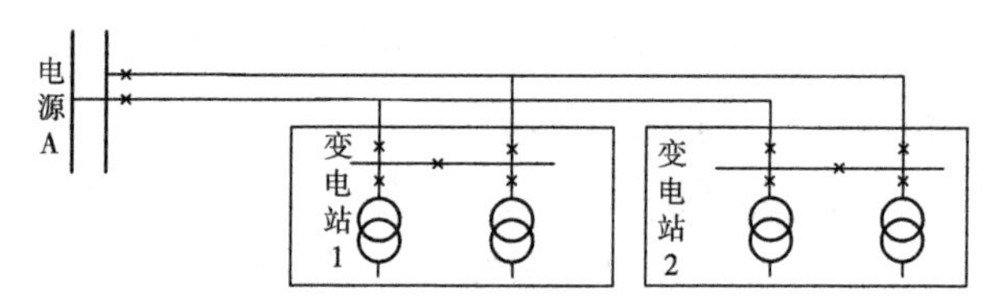

图 1-12　单侧电源双 T 型接线

1.2.2.10　单侧电源三 T 型接线

图 1-13 所示为单侧电源三 T 型接线。该接线模式下，具有一个电源点，运行灵活性不高，供电可靠性比单侧电源单 T 型接线高，满足 N－1 可靠性准则。依照当前高压配电网供电安全准则，单侧电源三 T 型接线适用于 A、B、C 类供电区 110 kV 高压配电网过渡接线。

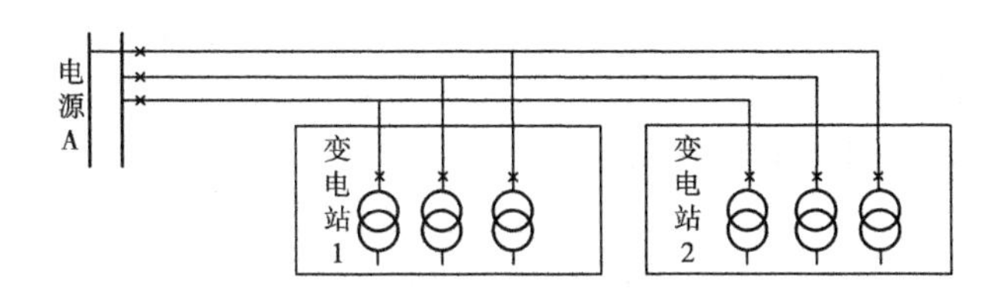

图 1-13　单侧电源三 T 型接线

1.2.2.11　双侧电源不完全双 T 型接线

图 1-14 所示为双侧电源不完全双 T 型接线。该接线模式下,具有两个电源点,运行灵活性高,供电可靠性高,满足 N－1 可靠性准则。依照当前高压配电网供电安全准则,双侧电源不完全双 T 型接线适用于 D、E 类供电区 110 kV 和 35 kV 高压配电网目标接线。

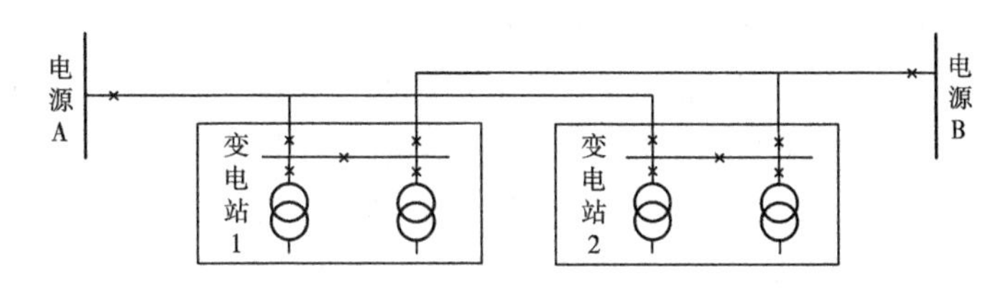

图 1-14　双侧电源不完全双 T 型接线

1.2.2.12　双侧电源完全双 T 型接线

图 1-15 所示为双侧电源完全双 T 型接线。该接线模式下,具有两个电源点,运行灵活性高,供电可靠性高,满足 N－1 可靠性准则。缺点是变电所可用容量及线路利用率为 50%。依照当前高压配电网供电安全准则,双侧电源完全双 T 型接线适用于 C 类供电区 110 kV 电网目标接线。

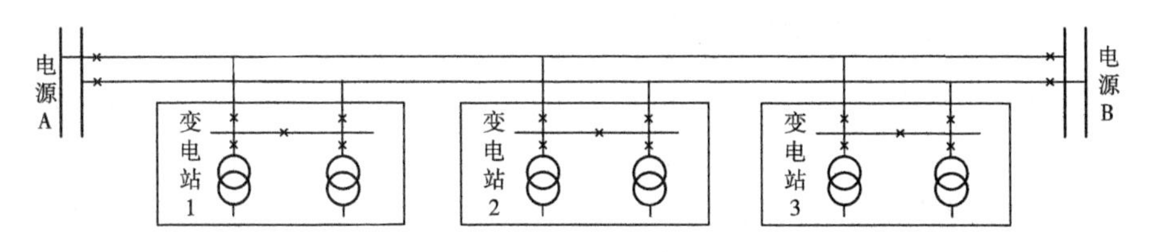

图 1-15　双侧电源完全双 T 型接线

1.2.2.13　双侧电源 πT 型接线

图 1-16 所示为双侧电源 πT 型接线。该接线模式下,具有两个电源点,运行灵活性高,相当于两个单侧电源双 T 接线的交叉互联,满足 N－1 安全准则,在不增加通道的情况下,一定程度地解决单侧电源无备用问题,延伸了供

电范围,有效地降低了线路故障的不利影响。依照当前高压配电网供电安全准则,双侧电源 πT 型接线适用于负荷密度较低、供电可靠性要求较高的 B、C、D 类供电区 110 kV 电网目标接线。

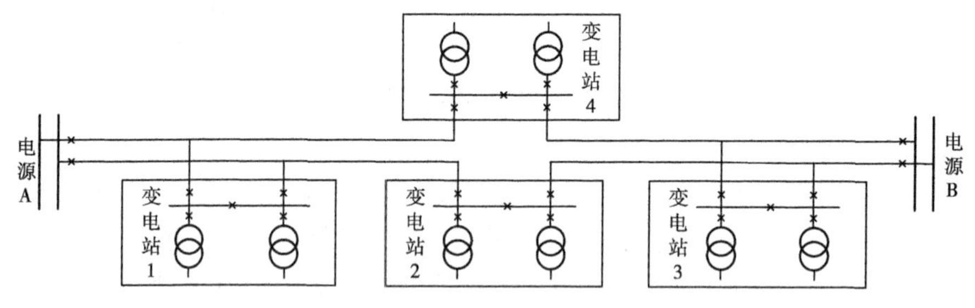

图 1-16　双侧电源 πT 型接线

1.2.2.14　双侧电源不完全三 T 型接线

图 1-17 所示为双侧电源不完全三 T 型接线。该接线模式下,具有两个电源点,运行灵活性高,满足 N-1 安全准则,供电可靠性高,变电站可用容量及线路利用率较高为 67%。依照当前高压配电网供电安全准则,双侧电源不完全三 T 型接线适用于 A、B、C、D 类供电区 110 kV 电网目标接线。

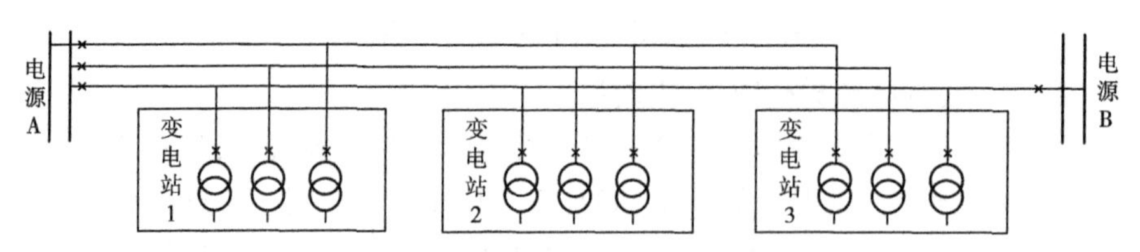

图 1-17　双侧电源不完全三 T 型接线

1.2.3　中压配电网 10 kV 典型接线

10 kV 中压配电网由高压变电所的 10 kV 配电装置、开关所、配电所和架空线路或电缆线路等部分组成,其接线包括架空线路接线和电缆线路接线。中压架空接线建设方便、投资少,主要应用于经济发展水平一般、负荷密度比较低的城区以及城郊。中压配电网 10 kV 典型接线包括辐射型接线、环网型接线、n 供一备接线和多分段多联络接线等。

1.2.3.1　单电源辐射型接线

图 1-18 所示为单电源辐射型接线,其一般应用于城市非重要负荷或者刚开始建设的经济开发区的过渡接线。单电源辐射型接线模式的优点在于接线简单经济,配电线路和高压开关柜数量少,投资省;新增负荷时连接比较方便,

线路和设备的利用率高,可以满负荷运行,设备利用率可达100%。但因单电源放射式接线只有一个电源点,供电可靠性低,电源故障时将造成全线停电;线路故障时,故障点以后部分无法实现转供电,存在故障影响范围较大的明显缺陷。依照当前中压配电网供电安全准则,架空线单电源辐射型接线适用于D、E类供电区过渡接线,电缆单电源辐射型接线适用于C、D类供电区过渡接线。

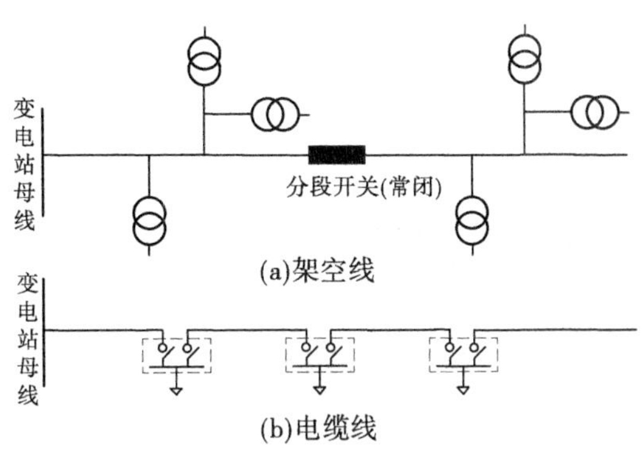

图1-18 单电源辐射型接线

1.2.3.2 单环网型接线

图1-19所示为单环网型接线,又称为"手拉手"环式接线或不同母线(变电站)出线的环式接线,在两回线路的末端设置一联络开关,其一般应用于负荷密度较大且供电可靠性要求高的城区供电。该模式最大优点是可靠性比单电源辐射型接线模式大大提高,接线简单清晰,运行方式比较灵活;线路故障或者电源故障时,在线路负荷允许的情况下,通过倒闸操作可以使非故障段恢复供电,可以满足N-1安全准则。但由于考虑了线路的备用容量,设备利用率仅为50%,线路利用率比较低,线路投资将比单电源辐射型接线有所增加。依照当前中压配电网供电安全准则,架空线单环网型接线适用于C、D、E类供电区目标接线,电缆单环网型接线适用于A、B类供电区过渡接线,以及C、D类供电区目标接线。

1.2.3.3 双环网型接线

图1-20所示为双环网型接线,分为开关站形式的双环网型接线和两个独立单环构成的双环网型两种典型接线方式。开关站形式的双环网型接线一般为电缆线路,开关站内通过开关实现线路间的互为备用,可满足N-1-1安全准则,供电可靠性高。但开关站形式的双环网型接线结构复杂,在满足N-1-1安全准则下,设备的利用率低,仅为50%;若设计仅要求满足N-1安全

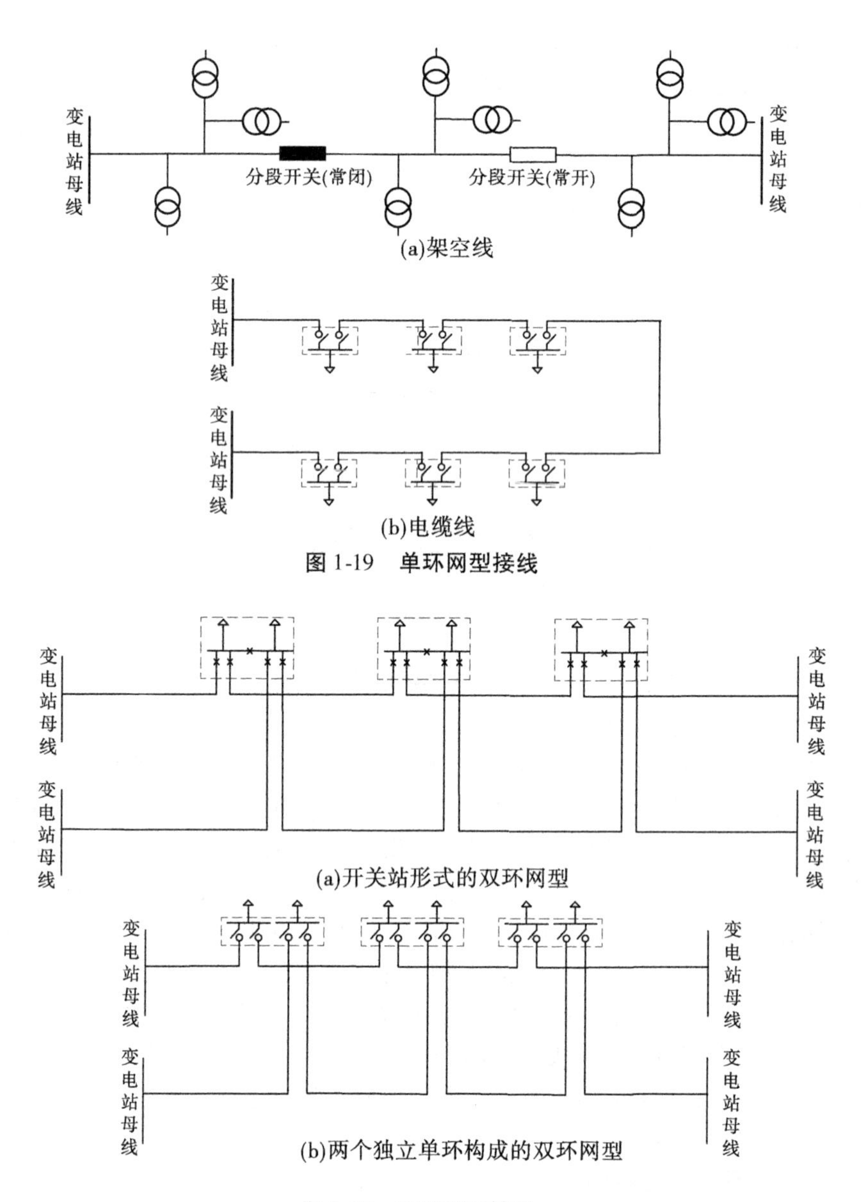

图 1-19　单环网型接线

图 1-20　双环网型接线

准则,其设备利用率可达到 75%。依照当前中压配电网供电安全准则,开关站形式的双环网型接线适用于 A、B 类供电区 10 kV 配电网目标接线。两个独立单环构成的双环网型接线一般为电缆线路,两个环网间可实现互为备用,方便为沿线可靠性要求高的中小用户提供双电源,运行方式灵活,满足 N－1

安全准则,但此时设备利用率仅为50%,设备利用率低。依照当前中压配电网供电安全准则,两个独立单环构成的双环网型接线适用于沿线供电可靠性要求高、用户分布较多的B、C类供电区10 kV配电网目标接线。

1.3 配电网中性点接地方式

1.3.1 配电网中性点接地方式概念与分类

三相配电网中性点与大地的电气连接称为配电网的中性点接地方式。配电网的中性点接地方式对配电网短路电流大小有直接影响,影响着配电网运行的安全可靠性。

我国配电网典型的中性点接地方式有中性点不接地(对地绝缘)、中性点经消弧线圈接地、中性点经高电阻接地、中性点经小电阻接地、中性点直接接地。总体上可概括为配电网中性点非有效接地系统及配电网中性点有效接地系统其中,中性点不接地(对地绝缘)、中性点经消弧线圈接地、中性点经高电阻接地属于非有效接地系统;中性点经小电阻接地、中性点直接接地属于有效接地系统,或称为大电流接地系统[4]。

配电网中性点不同的接地方式有着各自的优势和不足,具体采用何种类型的中性点接地方式是一个综合系统工程[5],需要综合考虑配电网供电安全可靠性和连续性、配电网和线路结构、过电压保护和绝缘配合、继电保护构成和跳闸方式、设备安全和人身安全、对通信和电子设备的电磁干扰、配电网故障电流辨识性的灵活性等诸多因素。受配电网发展阶段、配电网结构及供电质量要求等因素和条件的影响,应从技术性和经济性双重视角出发,进行综合分析,确定合理的中性点接地方式。

1.3.2 配电网中性点接地方式分析

我国10 kV中压配电网长期以来一直采用不接地或经消弧线圈接地的中性点接地方式。当配电网发生单相接地故障时,采用不接地或经消弧线圈接地的中性点接地方式。因短路电流小,在单相接地故障下可不立即采取跳闸隔离故障的措施,有利于提高供电的连续性和可靠性,对通信产生的干扰小,特别对于故障率高、绝缘可自行恢复的以架空线路为主的配电网,因此在我国配电网中性点接地方式中获得了广泛应用。但是,单相接地故障时故障电流小,导致故障辨识难度高。此外,正常运行线路的电压升高,系统的绝缘保护配合难度增加，不仅会导致绝缘早期老化，或在薄弱环节发生闪络，而且会引起多点故障，导致断路器异常开断，恶化开断条件。随着配电网自动化技术的发展，目前部分地区已经改为经小电阻接地的系统。因配电网发生单相接地短路故障概率最高，下面将对配电网中性点接地方式对单相接地故障电流影响进行分析。

图 1-21 为配电网通用中性点接地方式时单相接地短路故障原理图。设各相对地电容和电导相等，其值分别为 G 和 C，中性点电压为 U_0，系统的频率为 ω，单相接地短路前电压对称，且 A、B、C 三相电压分别为 $\dot{U}_p$、$a^2\dot{U}_p$、$a\dot{U}_p$。单相接地短路故障电阻为 G_E。

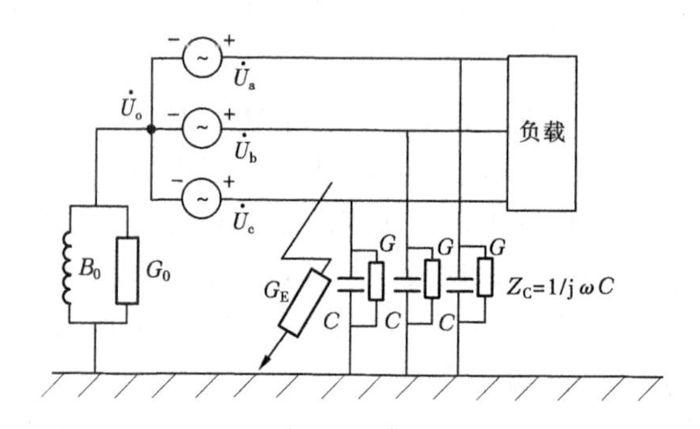

图 1-21　配电网通用中性点接地方式时单相接地短路故障原理图

为简化计算，采用电路理论中的基尔霍夫节点电流定律替代不对称故障对称分量法，可计算出中性点的电压为

$$\dot{U}_0 = \frac{-\dot{U}_p G_E}{(G_E + G_0 + 3G) + (j3\omega C - jB_0)} \tag{1-1}$$

依据欧姆定律，单相故障接地短路电流通用数学表达式为

$$\begin{aligned} I_E &= (\dot{U}_0 + \dot{U}_p) G_E = \left[\frac{-\dot{U}_p G_E}{(G_E + G_0 + 3G) + (j3\omega C - jB_0)} + \dot{U}_p\right] G_E \\ &= \dot{U}_p G_E \frac{G_0 + 3G + j3\omega C - jB_0}{G_E + G_0 + 3G + j3\omega C - jB_0} \end{aligned} \tag{1-2}$$

一般电网的绝缘水平都比较高，若 $G \approx 0$，则单相故障接地短路电流通用数学表达式为

$$I_E = \dot{U}_p G_E \frac{G_0 + j3\omega C - jB_0}{G_E + G_0 + j3\omega C - jB_0} \tag{1-3}$$

1.3.2.1 中性点不接地

当中性点不接地时，$G_0=0$ 和 $B_0=0$，其对应的单相故障接地短路电流为

$$\dot{I}_E = \dot{U}_p G_E \frac{j3\omega C}{G_E + j3\omega C} \tag{1-4}$$

其短路电流的有效值为

$$I_E = U_p G_E \sqrt{\frac{9\omega^2 C^2}{G_E^2 + 9\omega^2 C^2}} = \frac{3\omega C U_p}{\sqrt{1 + 9\omega^2 C^2 R_E^2}} \tag{1-5}$$

正常相对地稳态运行电压的有效值为$\sqrt{3}U_p$。

根据式(1-5)可知，单相接地短路故障的接地电阻 R_E 一般比较小，因此，对于中性点不接地方式，发生单相接地短路故障时，其短路电流主要是由电网对地电容决定的。电网对地电容一般很小，所以中性点不接地短路故障的短路电流 I_E 的值比较小，采用该类中性点接地方式可以减小单相接地电流。尤其对于短距离、电压较低的输电线路，因对地电容小、接地电流小，瞬时性故障一般可自动消除，中性点不接地系统接线方式对电网及通信线路的危害较小。但该类中性点接地方式在发生配电网单相接地故障时，会导致非故障相的相电压升级为线电压，对系统的绝缘不利。

此外，对于高电压、长距离输电线路，单相接地故障产生的对地短路电流较大，在接地处易于产生电弧周期性的熄灭和点燃，产生高频振荡，形成过电压，导致绝缘设备绝缘特性破坏，造成相间短路故障，危害到电网运行的安全可靠性，因此该模式不适合高电压、长距离输电线路的中性点接地。

1.3.2.2 中性点经消弧线圈接地

当中性点经消弧线圈接地时，等效于中性点与地之间直接接了一个电抗器，$G_0=0$ 和 $B_0\neq0$，该接地方式下单相接地短路故障电流的数学表达式为

$$I_E = \dot{U}_p G_E \frac{j3\omega C - jB_0}{G_E + j3\omega C - jB_0} \approx j\dot{U}_p(3\omega C - B_0) \tag{1-6}$$

根据式(1-6)，通过中性点接地电抗可实现对短路点容性故障电流的补偿，且当 $3\omega C = B_0$ 时，可完全实现对容性故障电流的补偿，但是故障点的电导不可能无穷大，因此还将有一个不是很大的电阻电流。

中性点经消弧线圈的接地方式，在发生单相接地故障时，也将会导致非故障相的对地电压升高到线电压，对系统的绝缘不利。此外，当三相线路对地分布电容不对称或发生一相断线或正常切除部分线路时，可能出现消弧线圈与对地分布电容的串联谐振，产生中性点危险过电压。因此，消弧线圈在选择时一般采用过补偿方式，使其感性电流大于容性电流，系统运行复杂，保护整定

不够灵活。

1.3.2.3 中性点直接接地

当中性点直接接地时，$G_0 \approx \infty$ 和 $B_0 = 0$，该接地方式下单相接地短路故障电流的数学表达式为

$$I_E = \dot{U}_p G_E \frac{G_0 + j3\omega C}{G_E + G_0 + j3\omega C} \approx \dot{U}_p G_E \tag{1-7}$$

根据式(1-7)可知，单相接地故障时短路点电流的大小和导线接地时的过渡电阻、线路和变压器阻抗等的大小有关。一般而言，过渡电阻、线路和变压器阻抗的值比较小，因此中性点直接接地方式时单相接地故障电流的值一般比较大。其优点在于因电流较大，继电保护整定比较方便；非故障相电压不会升至线电压，有利于系统绝缘；中性点电压不会偏移，有利于系统的安全。但是与非有效接地系统相比，一旦发生单相接地故障，需要立刻找出故障位置并进行故障隔离，因此，对于单相接地故障概率较高的地方，会降低配电网的供电连续性和可靠性。

1.3.2.4 中性点经电阻接地

中性点经电阻接地方式，能够将接地电流限制在一定范围内，且因设置有相应的接地保护装置，也可满足安全要求，其在抑制过电压方面比不接地方式要好，在国外有一定的应用。

1.3.3 配电网中性点接地方式与供电可靠性

配电网的供电可靠性与中性点接地方式有很大的关系，当电网电容电流较小时采用中性点不接地方式，简单、经济，大多数瞬时性接地故障都能可靠消失，电网的供电可靠性也较高；当电网电容电流增大到熄弧临界值以上时，大多数接地都不能可靠熄弧，会发展成间歇性的弧光接地或稳定的电弧接地，形成相间短路，则由于电网单相接地引起的事故就会增多，对供电可靠性产生不利的影响。

中性点经低电阻接地配置零序电流保护，大多数瞬时性接地故障都会使线路开关跳闸，因而对供电可靠性会造成负面的影响。

中性点经消弧线圈接地，特别是经自动跟踪补偿消弧线圈接地时，由于接地残流小，大多数瞬时性接地电弧都能可靠熄灭，发展不成永久性的接地故障，所以对提高供电可靠性是有利的。

1.3.4 配电网中性点接地方式选择

依据上述理论分析和相关研究[5-6]，各种中性点接地方式的优缺点总结如下：

中性点不接地方式优势在于：实现简单便捷、综合经济性好；发生单相接地故障时，因为线路的线电压相量不发生偏移，三相用电设备仍可正常运行，供电可靠性高，且允许在单相接地的情况下运行 2 h。劣势为：系统单相接地时，健全相电压升高为线电压，对设备绝缘等级要求高，设备的耐压水平必须按线电压选择，对设备安全运行不利。

中性点经消弧线圈接地方式优势在于：发生单相接地故障时，消弧线圈产生的感性电流补偿电网产生的容性电流，可以使故障点电流非常小，且一般允许带故障运行 2 h，提升了供电连续性和可靠性；单相接地故障电流小，可有效预防瞬时性接地故障向永久性接地故障的演变；故障电流小，对附近通信线路产生的干扰小。劣势为：系统运行方式改变时会因补偿不当引起串联谐振过电压；线路发生永久性接地故障时，消弧线圈的补偿和选线功能难以快速实现故障位置的辨识和故障区段的隔离，容易导致事故扩大。

中性点经低电阻接地方式优势在于：有利于限制过电压水平，系统发生单相接地故障时，健全相电压升高持续时间短，有利于设备绝缘，对设备安全有利；单相接地时，由于故障电流较大，零序电流保护灵敏度高，易于快速检出并隔离接地线路，防止事故扩大。劣势为：接地故障电流较大，如果零序电流保护不及时动作，将危害故障点附近的绝缘，会导致相间短路故障；较大的短路电流会产生严重的电磁效应，对附近的通信线路干扰较大；较大的短路电流会在故障点产生大量电离气体，导致线路发生可恢复的瞬时性接地故障时容易跳闸，线路跳闸率较高。

配电网中性点接地方式的选择要从经济性和技术性上综合考虑，一般而言，其选择的方法为：对电网电容电流小于 10 A 的配电网，宜采用中性点不接地（对地绝缘）方式，其简单、经济，且供电可靠性高；对电网电容电流大于 10 A 的配电网，宜采用自动跟踪补偿消弧线圈接地方式，其能降低故障建弧率，消除铁磁谐振过电压，有效地抑制弧光接地过电压，大大提高供电可靠性；中性点经小电阻接地方式，虽然能有效地防止电网铁磁谐振过电压，抑制弧光接地过电压，但因瞬时性接地故障对故障电流的放大关系对防雷过电压不利，降低了供电可靠性，只有在配电网备用线路完善、自动装置健全，且对内过电压又有特殊要求的电网才可考虑采用。

随着电网规模的不断增大，对供电可靠性要求的提高，以及对配电环境影响等方面的重视，中性点经自动消弧线圈接地方式的优势更加突出，是未来发展的方向；但对于城市配电网，由于大多采用电缆线路，雷击事故很少，所以中性点经低电阻接地方式是一种有效的接地方式。

1.4　配电网的故障区段定位技术研究现状

配电网馈线故障位置的快速准确辨识是提升配电网运行安全可靠性和智能化水平的关键技术之一。然而，随着配电网结构及运行环境同时趋于复杂，多重故障发生概率不仅随之增加，且所利用故障定位信息的不确定性显著增强，使得配电网故障区段定位问题面临着严峻挑战。如何有效提高配电网故障辨识的准确性、快速性和容错性，已成为提升配电网智能化水平亟待解决的关键问题之一，近年来一直是该领域研究的重要课题。

实际上，学术界对于配电网故障定位的研究可追溯到20世纪60年代。1969年，美国学者Dy Iiacco和Kraynak利用断路器和继电保护装置运行状态信息，最早提出基于逻辑关系描述的输电网故障定位新方法，并可将其用于配电网的故障区段定位[7]。与传统方法相比，上述方法因与计算机结合，能显著降低运行人员工作强度并可提高故障辨识准确性，但其存在模型复杂且不具有通用性等缺陷，在配电网故障定位领域未获得广泛应用。

20世纪60年代中期，F. A. 费根鲍姆等研制成功世界上第一个专家系统，理论研究和实践表明，采用其知识库中知识表示与推理技术可模拟通常由专家才能解决的复杂问题。至20世纪90年代，该理论已经渗透到众多领域，基于专家系统的故障定位方法也成为配电网故障诊断领域研究焦点。1991年，Hsu等基于专家知识库和启发式规则提出配电网故障定位的专家系统[8]。1997年，Chang等针对确定性故障诊断专家系统缺乏对电力系统运行不确定性信息的考虑，基于模糊理论建立了输电系统故障定位的模糊专家系统，可将该方法应用于配电网故障定位[9]。至今，学术界已提出很多基于知识库或模型的电力系统故障诊断专家系统，并在工程领域获得广泛应用。该类方法具有可辨识复杂故障和容错性等优势，但同时也面临以下难题：当发生复杂故障时，为实现故障位置的精确推理，需要构建大量描述继电保护系统行为特征的复杂启发式规则；基于启发式规则的专家系统知识库维护比较困难；基于模型的专家系统虽然便于维护，但推理过程耗时。

20世纪80年代，人工智能技术领域人工神经网络技术获得快速发展，其在自学习、记忆特性和泛化能力等方面具有显著优越性,无须像专家系统一样进行复杂的启发式规则和耗时的知识推理过程,使得其在故障诊断领域具有极大的应用价值,以其为基础的配电网故障定位方法成为电力界学者研究的重要方向。1989 年,国外学者 Tanaka 等提出基于人工神经网络的配电网故障定位方法[10]。2001 年,国内学者孙雅明等也提出基于神经逻辑网络冗余纠错和 FNN 组合的配电网故障定位方法[11]。理论研究表明,基于人工神经网络的故障定位方法一般具有容错性和通用性强等特性,但其在故障定位时需要进行故障样本的选取和训练,其合理性将会直接影响到故障定位准确性和容错性。针对大规模配电网,因其节点与支路多、覆盖范围广、故障类型多,如何合理选择故障训练样本仍然是有待解决的难题。

1993 年,Oyama 提出玻尔兹曼机(boltzmann machine)理论基础上的电力系统故障定位新方法[12],其本质上属于人工神经网络故障定位范畴,仍然面临样本选取难题和故障误判问题,然而其将故障定位问题采用 0-1 整数规划进行数学建模的思想为基于最优化理论的电力系统故障诊断方法提供了理论借鉴。1995 年,文福栓等针对遗传算法在处理离散变量和全局收敛性方面的优势,基于文献[12]利用覆盖集理论(set covering theory)和遗传算法提出应用于输电网的故障定位最优化方法[13,14],能够实现保护失灵情况下故障的辨识,具有容错性和通用性强的优势。鉴于遗传算法故障定位方法的优势,1996 年,文福栓等首次将其应用于配电网故障诊断领域[15],针对配电网故障区段、继电保护过流信息和断路器动作逻辑间的耦合关联关系,采用覆盖集理论构建了 0-1 非线性整数规划故障定位模型,研究表明其具有强故障定位适应性。但值得注意的是,文献[15]的故障定位模型所采用的馈线断路器过电流信息需要根据继电保护间动作逻辑配合关系计算得到,建模与实现过程比较复杂。事实上,随着我国配电网智能化水平大幅度提高,大量配电自动化设备终端如馈线终端单元(feeder terminal unit,FTU)等的应用,使得无需通过复杂的数学计算即可直接获取到馈线断路器和自动化开关的过电流报警信息,故文献[15]的配电网故障定位模型对现代化的配电网已缺乏适应性,需提出基于 FTU 采集信息的配电网故障定位新理论与方法。

至今,学术界对于基于 FTU 采集信息的配电网故障定位方法已经开展了大量研究,采用的建模理论与故障辨识方法主要包括人工神经网络[11]、粗糙集理论[16]、数据挖掘技术[17]、统一矩阵算法[18-28]、最优化算法[29-43]等。其中,统一矩阵算法和最优化算法构建故障定位模型时,因原理简单、实现便捷等显著优点,成为配电网故障定位的重要研究方向,目前仍是学术界研究的热点。

配电网故障定位统一矩阵算法最早由我国著名电力专家刘健于1999年提出[18]，其建模原理是首先基于网络拓扑结构构建网络描述矩阵，然后根据正常运行下馈线最大负荷进行FTU报警电流值整定，依据故障报警完备信息生成故障信息矩阵，最后利用矩阵相乘运算并通过规格化处理得到故障判定矩阵进行故障区段辨识。然而，文献[18]不适用于多电源和含分布式电源的复杂配电网故障定位。另外，建模时需要完备的报警信息和矩阵运算，导致其不具有容错性，且应用于大规模配电网故障定位时存在故障辨识时间长的缺陷。后续有关矩阵算法主要围绕着如何提高故障定位效率[19,20]、模型适应性[21-24,25,26]和容错性[25-28]三方面开展研究。2000年，朱发国等提出与配电网运行工况有较强适应性的优化矩阵算法，利用有效元素直接计算代替矩阵计算，具有计算速度快、实时性好的特征[19]。2001年，卫志农等提出无需矩阵相乘运算并适用于多电源并列运行配电网故障辨识的矩阵算法[20]。2002年，郭志忠等建立了有向图描述的配电网故障定位矩阵模型，扩展了多电源网络故障定位算法的适应能力，但在多重故障方面还存在缺陷[21]。2003年，孙莹等提出能解决配电网闭环运行故障辨识的改进矩阵算法[22]。2004年，蒋秀洁等提出能够对配电网末端故障区段进行准确辨识的改进矩阵算法[23]。2005年，陈歆技等进一步完善了应用于馈线末端故障辨识的统一矩阵算法[24]。2007年，石东源等针对以往矩阵算法缺乏FTU不完备信息时对配电网故障辨识的适应性，提出具有信息不完备和畸变信息适应能力的容错性矩阵算法，但并不具有通用性[25]。随着分布式电源接入配电网，传统的矩阵算法难以直接应用。2009年，许扬等提出基于搜索树、基尔霍夫定律及相位比较原理为基础的新型矩阵算法[26]。2014年，针对多电源复杂配电网中FTU信息畸变的情况，相关学者提出具有容错性能和适应于多重故障辨识的改进矩阵算法，但容错能力不强且不具有通用性[27-28]。

与统一矩阵算法并行发展起来的基于逻辑关系描述的最优化故障定位方法，其建模基础来源于文献[15]，与其本质区别在于后者是对FTU采集信息的直接利用。该类方法具有相同的故障辨识原理，即：首先，基于逼近理论和最小故障诊断集概念，构建基于逻辑关系描述的故障定位离散优化数学模型；然后，利用群体智能算法决策出最能解释所有自动化设备上传故障电流报警信息的馈线短路故障区段。2000年，针对辐射状配电网，孙雅明等率先提出基于FTU过流报警信息和逻辑关系描述的遗传算法故障定位逼近建模理论与决策算法，但因对馈线故障和自动化设备过流信息间的耦合关联关系描述不准确,会造成故障区段误判[29]。针对文献[29]的缺陷,2002 年,卫志农等通过增加故障定位优化目标辅助项,提出具有高容错性的配电网故障区间定位高级遗传算法,避免了故障辨识时的误判现象,且适用于多电源多重故障复杂情况[30]。2006 年,陈歆技等为提高基于群体智能算法的配电网故障定位效率,构建了基于分级处理思想和逻辑关系描述的故障辨识模型,并采用蚁群算法进行故障区段辨识[31]。2007 年,作者通过引入潜在等式约束条件和故障辅助项,基于逻辑关系描述和遗传算法,构建了配电网容错性故障辨识模型与决策方法,采取分级处理思想来提高故障定位效率[32,33]。2008 年,王林川等沿用文献[30]的故障辨识模型,采用改进蚁群算法进行决策,以实现故障定位效率的提高[34]。2009 年,为提高逻辑关系故障定位优化模型的求解效率和全局收敛性,相关学者提出了模拟植物生长算法的优化求解方法[35]。作者提出故障定位模型优化决策的仿电磁学算法[36]。2010 年,作者以文献[29 - 36]的研究为基础,基于逻辑关系描述建立更加简单的环网开环运行配电网故障定位统一数学模型,并应用改进仿电磁学算法进行求解[37]。2011 年,相关学者将改进蚁群算法和差分算法应用于逻辑关系描述配电网故障定位模型的优化决策[38,39]。2013 年至 2015 年,针对含有分布式电源配电网,相关学者建立了基于逻辑关系描述的配电网故障辨识离散优化模型[40-43],为提高故障决策效率,并将新型群体智能算法和声算法、蝙蝠算法、萤火虫算法等应用于故障定位模型的优化求解。

上述文献综述显示,国内外同行对基于 FTU 采集信息的配电网故障定位矩阵算法和最优化方法进行了大量有价值的研究工作,取得了不少成果,但还面临着以下问题:

(1)矩阵算法的故障定位过程通常通过代数关系运算实现,因此具有数值稳定性强、故障辨识效率高和实时性好的优势,但其在考虑配电网复杂多重故障时建模原理复杂,且缺乏对 FTU 信息丢失或畸变时的适应性,虽然部分文献已考虑容错性,但容错性不高且建模相对比较烦琐,不具备通用性。

(2)配电网故障定位最优化方法具有便于考虑复杂多重故障、容错性好和通用性强等优势,但因采用逻辑关系描述进行故障辨识模型构建,该类方法存在以下两点固有缺陷:①采用逻辑关系描述故障区段与自动化设备间匹配关联特性,使得故障定位模型构建相对比较复杂,若应用于大规模复杂配电网中将极大地增加建模过程难度;②因基于逻辑值关系描述进行故障定位模型构建,其逻辑关系运算导致故障辨识过程不能利用高效的常规优化算法实现,而只能采用群体智能算法决策,使得在大规模配电网故障区段定位时效率不高、实时性差。同时,群体智能算法优化搜索过程随机性和过早收敛现象存在,会因算法早熟而引发数值稳定性问题,从而造成故障辨识结果具有强的不确定性和数值不稳定性,进而引起故障区段的错判或漏判。

(3)配电网故障定位矩阵算法和最优化方法各有优缺点,现有研究成果缺乏对两者之间关联一致性的研究分析,目前还没有将两种方法优势融合在一起的故障定位模型和算法,有待进一步研究。

依据作者已有的研究[33,36,37]和现有文献表明:与矩阵算法相比,基于最优化理论的故障定位方法因采用间接逼近关系构造优化决策目标,更加易于考虑容错性,且具有一般通用性、建模过程简单便捷、对电网结构的强适应性等显著优势。因此,进一步深入研究基于最优化理论的配电网故障定位方法具有重要的理论价值和工程意义。

根据上述基于 FTU 采集信息的配电网故障定位方法面临问题可以看出:基于逻辑关系描述进行故障定位模型构建是导致配电网区段定位最优化方法缺乏工程强适应性的根本原因,制约着该类方法在大规模配电网馈线故障定位中的在线应用。因此,建立基于代数关系描述的故障区段辨识优化模型成为有效克服当前最优化故障定位方法缺陷的关键,其将跳出现有的逻辑建模理论并可采用高效稳定的数学规划方法求解。

基于代数关系理论构建配电网故障定位优化模型实现馈线故障辨识是否具有可行性,成为新建模理论所需解决的首要问题。作者 2015 年开始对基于代数关系描述的配电网故障定位优化建模理论开展研究,并相继提出了基于代数关系描述的配电网故障定位互补优化模型[44]、线性整数规划模型[45]和故障辅助因子模型[46]。研究结果表明:基于代数关系理论构建配电网故障定位优化模型进行馈线故障辨识的方法在理论上不仅具有可行性,且具有容错性、可跳出对群体智能算法的依赖、故障辨识效率高等优势,为用最优化理论解决基于 FTU 采集信息的配电网故障定位问题提供一种崭新的思路和方法。

但作为一种新的基于优化理论的配电网故障定位方法,其研究还处于起步阶段,建模与决策理论还存在缺陷。例如,作者前期研究成果文献[44-46]缺乏对多重故障辨识的强适应性;故障辅助因子模型数学表达形式复杂,难以动态适应配电网结构的变化;线性整数规划模型需直接对离散变量进行决策,决策效率低,难以应用于大规模配电网馈线故障的在线辨识;互补优化模型决策求解过程复杂且故障辨识的结果依赖于算法初始点的选择。因此,需进一步研究基于代数关系描述的具有多重故障辨识能力,且能够应用大规模配电网馈线故障定位的优化模型与决策理论。

作者通过对前期研究成果的理论分析，已经找出构建故障定位优化模型时没有充分考虑相互独立馈线支路间电流报警信号并联叠加特性是导致其缺乏多重故障定位能力强适应性的根本原因。通过研究电流报警信号间并联叠加特性的解析建模方法，并借鉴文献[44－46]代数关系描述、逼近理论和0/1离散变量互补约束故障定位模型建模方案，研究适应于单重故障和多重故障辨识的配电网故障定位分层解耦建模机制；鉴于直接对离散变量求解时所面临的难题，基于数学规划领域松弛技术在处理离散变量时的优势，以其为基础，2018年作者提出连续空间直接决策的配电网故障辨识预测校正决策技术[47]，其决策效率高，在大规模配电网在线故障定位中具有良好的应用前景，为基于最优化技术配电网故障定位理论提供了新的技术解决方案，对于完善最优化理论框架下配电网故障定位理论体系具有重要作用。

1.5 本书主要内容

本书主要围绕配电网自动化背景下最优化技术在配电网故障定位中的应用问题开展研究，对近10年来该领域学者和本书作者研究的相关成果进行详细介绍和总结，主要内容由配电网自动化基础（第2章）、约束最优化理论（第3章）、配电网故障辨识的最优化技术（第3章～第8章）三部分组成。第1章为绪论，第9章为全书的总结与展望。图1-22为章节间结构框图。

各章节详细内容如下：

第1章绪论。阐述了配电网故障定位技术的研究背景；简要介绍了配电网的概念及分类；简要分析了中压配电网典型接线模式、优缺点与选择方法；简要介绍了配电网中性点接地方式的概念与分类，分析了中性点接地方式对电压、故障电流、通信可靠性等的影响，简要分析了中性点接地方式对配电网供电可靠性的影响；分析了配电网中性点接地方式的选择方法；阐述了配电网自动化背景下的馈线故障区段最优化方法的研究现状。

第2章配电网远方控制馈线自动化。简要介绍了配电网馈线自动化的发展；介绍了重合器、断路器、分段器等三种馈线自动化开关设备的结构特点与功能，概括了其配置方法与原则；简要介绍了智能化终端设备FTU的概念、组成和功能及配置方法；概括总结、简要分析和比较了两种远方控制馈线自动化模式的结构、故障定位过程、优缺点等；简要介绍了配电网SCADA的功能特点、系统组成及其与配电网集中智能型馈线自动化间关系等内容；简要介绍了配电网GIS的功能特点、监控对象与任务、系统配置及与配电网集中智能型馈线自动化间的关系等内容。

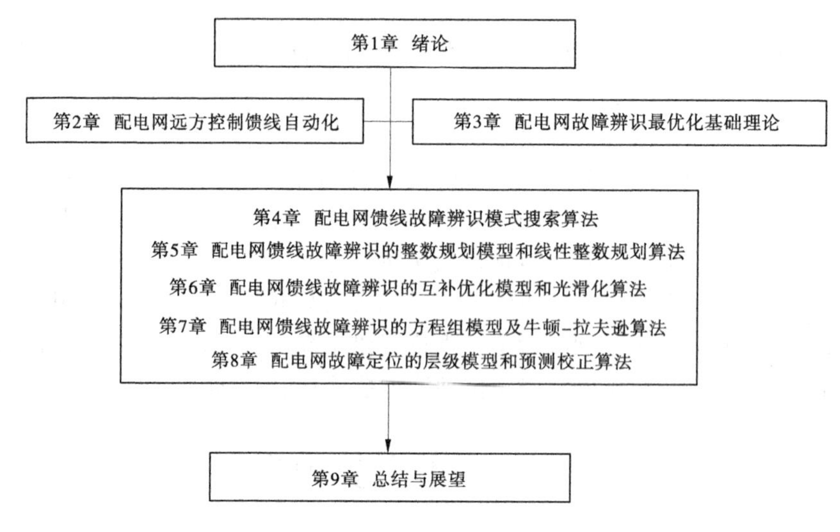

图 1-22 章节间结构框图

第 3 章配电网故障辨识最优化基础理论。简要阐述了约束优化问题数学模型、决策解概念及最优化问题建模分析步骤;阐述了配电网故障辨识最优化问题,并分析其故障辨识优化模型的通用表达形式;简要介绍了配电网馈线故障辨识的逻辑优化建模和代数建模方案,并针对其群体智能和内点法两类决策方法进行概括总结,分析两类建模方案及决策方法的特点。

第 4 章配电网馈线故障辨识模式搜索算法。围绕着基于模式搜索算法的配电网馈线故障辨识技术,详细阐述了基于模式搜索的配电网馈线故障定位的基本原理,并将其应用于环网开环运行配电网的故障定位问题,通过和遗传算法进行比较,验证模式搜索算法的数值稳定性,并分析轮询方法的选取对模式搜索算法进行故障定位有效性的影响,在初始点为可行点的前提下,采用GPS Positive basis 2N 轮询方法模式搜索算法的综合性能最佳,契合小规模配电网的馈线故障定位。

第 5 章配电网馈线故障辨识的整数规划模型和线性整数规划算法。围绕着配电网馈线故障辨识的线性整数规划技术,详细阐述了故障定位数学模型建模基本思想、模型参数确定和编码、基于代数关系描述的开关函数模型构建方法;详细论述了基于代数关系描述的配电网故障定位绝对值数学模型构建方法,并基于等价转换思想提出配电网故障定位的线性整数规划模型;从理论上分析了配电网故障定位线性整数规划模型的容错性和有效性;详细阐述了基于整数规划的配电网故障定位数学模型工程技术方案和具体实施方式。

第6章配电网馈线故障辨识的互补优化模型和光滑化算法。围绕着配电网馈线故障辨识的互补优化技术，针对基于互补优化的配电网故障定位数学模型，详细阐述了建模基本思想、模型参数确定和编码、基于代数关系描述的开关函数模型构建方法；详细论述了基于代数关系描述的配电网故障定位非线性整数规划数学模型构建方法，并基于互补约束等价转换思想提出配电网故障定位的互补优化模型；从理论上分析了配电网故障定位互补优化模型的容错性和有效性；详细阐述了基于互补优化的配电网故障定位数学模型工程技术方案和具体实施方式。

第7章配电网馈线故障辨识的方程组模型及牛顿－拉夫逊算法。围绕着配电网馈线故障辨识的辅助因子技术，针对基于辅助因子的配电网故障定位数学模型，详细阐述了建模基本思想、模型参数确定和编码、基于代数关系描述的开关函数模型构建方法；详细论述了配电网故障定位线性方程组数学模型构建方法，并基于互补约束等价转换思想提出配电网故障辨识的辅助因子技术；阐述了模型决策求解的牛顿－拉夫逊法；从理论上分析了配电网故障定位线性方程组模型的容错性和有效性；详细阐述了基于辅助因子的配电网故障定位数学模型工程技术方案，并进一步论述了配电网故障定位装置的具体实施方式。

第8章配电网故障定位的层级模型和预测校正算法。为有效解决互补约束故障定位模型缺乏多重故障强辨识能力及决策方法存在的数值稳定性问题，本章借鉴配电网故障定位模型的代数关系建模优势，基于分层解耦策略，提出配电网层级划分原理，构建开关函数模型，并基于最佳逼近关系理论，建立解耦策略与代数关系描述的具有多重故障强适应性的配电网故障定位层级优化模型，基于松弛策略和二次规划极值理论，提出具有全局收敛特点且无需对离散变量直接优化决策的模型求解预测校正算法。

第9章总结与展望。对当前已有的配电网故障辨识的最优化技术的主要工作和取得的成果进行概括和总结，提出未来亟待进一步研究的内容。

参考文献

[1] 国家电网公司. 配电网技术导则：Q/GDW10370—2016. [S]. 北京：国家电网公司，2017.

[2] 中国南方电网公司. 110 kV 及以下配电网装备技术导则：Q/CSG10703—2009[S]. 广

州:中国南方电网公司,2009.

[3] 中国南方电网公司220千伏以下城市电网优化工作组.中国南方电网公司110千伏及以下配电网现有典型接线方式[R].广州:中国南方电网公司,2009.

[4] 方富淇.配电网自动化[M].北京:中国电力出版社,2000.

[5] 李颖峰.配电网中性点接地方式探讨[J].电力系统保护与控制,2008,36(19):58-60.

[6] 弋东方.关于6~10 kV电网中性点接地方式的讨论[J].电网技术,1998,22(7):27-30.

[7] DY Liacco T E, Kraynak T J. Processing by Logic Programming of Circuit – Breaker and Protective – Relaying Information[J]. IEEE Transactions on Power Apparatus and Systems, 1969, PAS – 88(2):171-175.

[8] Hsu Y Y ,Lu F C, Chien Y, et al. An expert system for locating distribution system faults [J]. IEEE Power Engineering Review, 1991, 11(1):366-372.

[9] Chang C S, Chen J M, Srinivasan D, et al. Fuzzy logic approach in power system fault section identification[J]. IET Proceedings – Generation Transmission and Distribution, 1997, 144(5):406-414.

[10] Tanaka H, Matsuda S, Izui Y, et al. Design and evaluation of neural network for fault diagnosis, Proc. 2nd Syrnp[C]. Expert System Application to Power Systems (ESAP'89), Seattle, USA, 1989:378-384.

[11] 孙雅明,杜红卫,廖志伟.基于神经逻辑网络冗余纠错和FNN组合的配网高容错性故障定位[J].电工技术学报,2001,16(4):71-76.

[12] Oyama T. Fault section estimation in power system using Boltzmann machine[C]. Proceedings of 2nd Forum Artificial Neural Network Applications to Power Systems (ANNPS), Yokohama, Japan, 1993:1-7.

[13] Wen F S, Han Z X. Fault section estimation in power systems using a genetic algorithm [J]. Electric Power Systems Research, 1995, 34:165-172.

[14] Wen F S, Han Z X. A refined genetic algorithm for fault section estimation in power systems using the time sequence information of circuit breakers[J]. Journal of Electric Machines & Power Systems, 1996, 24:801-815.

[15] Wen F S, Chang C S. A new approach to fault diagnosis in electrical distribution networks using a genetic algorithm[J]. Artificial Intelligence in Engineering, 1998, 12:69-80.

[16] 束洪春,孙向飞,司大军.基于粗糙集理论的配电网故障诊断研究[J].中国电机工程学报,2001,21(10):46-51.

[17] 廖志伟,孙雅明.基于不同RS与NN组合的数据挖掘配电网故障诊断模型[J].电力系统自动化,2003,27(6):31-35.

[18] 刘健,倪建立,杜宇.配电网故障区段判断和隔离的统一矩阵算法[J].电力系统自动化,1999,23(1):31-33.

[19] 朱发国,孙德胜,姚玉斌,等. 基于现场监控终端的线路故障定位优化矩阵算法[J]. 电力系统自动化,2000,24(15):42-44.
[20] 卫志农,何桦,郑玉平. 配电网故障定位的一种新算法[J]. 电力系统自动化, 2001,25(14):48-50.
[21] 刘伟,郭志忠. 配电网故障区间判断的新型矩阵算法[J]. 电力系统自动化,2002,26(18):21-24.
[22] 王飞,孙莹. 配电网故障定位的改进矩阵算法[J]. 电力系统自动化,2003,27(12):45-46.
[23] 蒋秀洁,熊信银,吴耀武,等. 改进矩阵算法及其在配电网故障定位中的应用[J]. 电网技术,2004,28(19):60-63.
[24] 丁同奎,陈歆技. 配电网馈线末端故障定位优化算法[J]. 电力系统自动化,2005, 29(20):60-62.
[25] 梅念,石东源,杨增力,等. 一种实用的复杂配电网故障定位的矩阵算法[J]. 电力系统自动化,2007,31(10):66-70.
[26] 吴宁,许扬,陆于平. 分布式发电条件下配电网故障区段定位新算法[J]. 电力系统自动化, 2009,33(14) :77-82.
[27] 李开文,袁荣湘,邓翔天,等. 含分布式电源的环网故障定位的改进矩阵算法[J]. 电力系统及其自动化学报, 2014,26(12):62-68.
[28] 焦彦军,杜松广,王琪,等. 基于信息矛盾原理的畸变信息修正及配电网故障区段定位[J]. 电力系统继电保护与控制,2014,42(16):43-48.
[29] 杜红卫,孙雅明,刘弘靖,等. 基于遗传算法的配电网故障定位和隔离[J]. 电网技术,2000,25(5):52-55.
[30] 卫志农,何桦,郑玉平. 配电网故障区间定位的高级遗传算法[J]. 中国电机工程学报,2002,22(4):127-130.
[31] 陈歆技,丁同奎,张钊. 蚁群算法在配电网故障定位中的应用[J]. 电力系统自动化,2006,30(5):74-77.
[32] 郭壮志,陈波,刘灿萍,等. 潜在等式约束的配电网遗传算法故障定位[J]. 现代电力,2007,24(3):24-28.
[33] 郭壮志,陈波,刘灿萍,等. 基于遗传算法的配电网故障定位[J]. 电网技术,2007,31(11):88-92.
[34] 王林川,李庆鑫,刘新全,等. 基于改进蚁群算法的配电网故障定位[J]. 电力系统保护与控制,2008,36(22):29-33.
[35] 武娜,焦彦军. 基于模拟植物生长算法的配电网故障定位[J]. 电力系统保护与控制,2009,37(4):23-28.
[36] 郭壮志. 基于仿电磁学算法的辐射状配电网故障定位[J]. 现代电力,2009,26(5):37-41.

[37] 郭壮志,吴杰康. 配电网故障区间定位的仿电磁学算法[J]. 中国电机工程学报,2010,30(13):34-40.
[38] 张颖,周韧,钟凯. 改进蚁群算法在复杂配电网故障区段定位中的应用[J]. 电网技术,2011,35(1):224-228.
[39] 唐利锋,卫志农,黄霆,等. 配电网故障定位的改进差分进化算法[J]. 电力系统及其自动化学报,2011,23(1):17-21.
[40] 刘蓓,汪沨,陈春, 等. 和声算法在含 DG 配电网故障定位中的应用[J]. 电工技术学报,2013,28(5): 280-286.
[41] 郑涛,潘玉美,郭昆亚,等. 基于免疫算法的配电网故障定位方法研究[J]. 电力系统继电保护与控制,2014,42(1):77-83.
[42] 付家才,陆青松. 基于蝙蝠算法的配电网故障区间定位[J]. 电力系统继电保护与控制,2015,43(16):100-105.
[43] 岳凯旋,王宝华. 基于萤火虫算法的含 DG 配电网故障区段定位[J]. 智能电网,2015,5(4):197-203.
[44] 郭壮志,徐其兴,洪俊杰,等. 配电网故障区段定位的互补约束新模型与算法[J]. 中国电机工程学报,2016,36(14):3742-3750.
[45] 郭壮志,徐其兴,洪俊杰,等. 基于线性整数规划的配电网快速高容错性故障定位新方法[J]. 中国电机工程学报, 2017,37(3): 786-794.
[46] 郭壮志,陈涛,洪俊杰,等. 基于故障辅助因子的配电网高容错性区段定位方法[J]. 电力自动化设备,2017,37(7):93-100.
[47] 郭壮志,陈涛,黄全振,等. 配电网故障定位的层级模型与预测校正算法[J]. 电力自动化设备,2018,38(7):51-60.

第2章　配电网远方控制馈线自动化

2.1 引　言

根据大量的工程统计，电力用户停电事故中90%是因配电网故障引起的，配电网故障率直接影响着供电的连续性和可靠性。随着我国国民经济的高速发展，人们对电力的需求日益增长，同时对供电可靠性和供电质量提出了更高的要求。配电网馈线自动化是指变电站出线到用户用电设备之间的馈电线路自动化，其是配电网自动化的核心内容，主要功能包括馈线运行状态监测、馈线故障检测、馈线故障定位、馈线故障隔离、馈线负荷的重新优化配置、供电电源恢复等功能，其是提高配电网供电可靠性、减少短时停电问题、提升配电网运行安全性等最直接、最有效的技术措施[1]。配电网馈线自动化技术至今经历了以下三个阶段[2]：

第一阶段，人工馈线自动化模式。其由安装在变电站馈线出口处的电流速断保护、出口断路器、馈线其他位置的负荷开关和故障指示器组成。馈线区段发生故障后，电流速断保护检测到故障过电流后动作，出口断路器跳闸，依据故障指示器所指示位置人工拉开两端的负荷开关隔离故障区段，然后再重新闭合断路器恢复未故障部分的供电。该模式自动化程度低，故障后停电时间长。

第二阶段，就地馈线自动化模式。该模式是基于分段开关、重合器等智能化电力设备配电网自动化新技术，当配电网馈线发生故障后，基于故障过电流信号，依据分段开关和重合器间的时间配合、重合器动作次数的计数等，首先判定出是否为永久性故障，若是达到重合器整定的动作次数，判定出馈线故障区段位置并进行故障隔离，然后自动恢复未故障部分的供电。但是，与该模式相对应的是最终故障切除时间长、断路器负担重、未故障部分恢复供电慢。

第三阶段，配电网远方控制馈线自动化模式。该模式是建立在馈线自动化模式基础上，进一步配置配电网智能终端单元，和网络通信技术结合，从而实现配电网馈线的远方控制自动化。当配电网馈线故障时，若为集中控制模式，故障的查找、隔离以及恢复供电依靠FTU采集故障信息并上传给调度中心，通过调度中心远程控制断路器和负荷开关实现馈线故障区段的隔离，若为分散控制模式，通过相邻智能馈线设备终端 FTU 间的通信，实现故障的辨识与隔离。该模式下自动化水平高，开关只需一次动作，但因 FTU 信息畸变和故障、通信网络的可靠性等会影响馈线自动化故障辨识结果的准确性。此外，配电网正常运行时集中控制模式可监控配电网的运行状态，优化其运行方式，实现其安全可靠运行，可以和 GIS、MIS 等联网，实现全局信息化。

依据上述三个阶段的馈线自动化模式简要描述可以看出，虽然配电网远方控制馈线自动化模式也存在着不足，但随着智能化终端设备 FTU 的工作可靠性提升，网络通信技术的进步必能够有效克服其劣势，因此配电网远方控制馈线自动化模式仍然是主流的馈线自动化技术措施。

2.2 配电网馈线自动化设备与配置

2.2.1 配电网馈线自动化设备概述

配电网馈线自动化设备是配电网馈线自动化的核心，其性能将直接影响配电网馈线自动化的质量与实施效果。配电网馈线自动化设备主要包括重合器、负荷开关、断路器、智能化终端设备 FTU。

重合器、分段器、断路器统称为电力开关设备。其中，重合器是一种具备故障电流检测和操作顺序控制与执行功能及保护功能的高压开关设备，通常用在就地控制的馈线自动化模式，故障时按反时限保护自动开断故障电流，并依照预定的延时和顺序进行多次地重合，实现馈线故障的自动辨识和隔离；断路器是指能够关合、承载和开断正常回路条件下的电流并能关合、在规定的时间内承载和开断异常回路条件下的电流的开关装置，通常用于配电网远方控制馈线自动化模式和负荷开关一起配合使用，通过远方控制实现馈线故障区段隔离与正常供电区域的供电恢复。

智能化终端设备 FTU 主要用于监视与控制配电系统中柱上开关，如断路器、重合器、分段器等设备，并与配电自动化主站通信，提供配电系统运行监视及控制所需的信息，执行主站命令对配电设备进行调节和控制。FTU 一般具有状态监测、故障检测、故障定位、传输信息、控制开关动作的功能，可通过检测线路是否失压、过流及失压、过流的次数来判断故障，也可通过其上传过电流信息情况利用相应的馈线故障辨识算法判别出馈线故障区段的位置。

2.2.2 配电网馈线自动化开关设备与功能

2.2.2.1 断路器

断路器一般由触头系统、灭弧系统、操作机构、脱扣器、外壳等构成,其主要作用是切断和接通负荷电路,以及切断故障电路,防止事故扩大,保证安全运行。

按照动作原理,可分为机械型断路器和电子型断路器,其动作原理如下:

(1)机械型断路器。当配电网馈线发生短路故障时,故障大电流产生的反向磁场力克服弹簧力,从而使脱扣器拉动机械操作机构动作跳闸;当负荷过载时,大电流导致双金属片发热量加剧,进而产生变形,当双金属片变形到一定程度推动操作机构动作。

(2)电子型断路器。事先设定电流基准值,利用互感器采集各相电流大小并与电流基准值比较,当电流异常时微处理器发出信号,使电子脱扣器带动操作机构动作跳闸,从而实现故障电路的切除。

2.2.2.2 重合器

重合器一般由触头系统、灭弧系统、操作机构、脱扣器、外壳、控制系统等构成,其主要作用是重合器的作用是与其他高压电器配合,通过其对电路的开断,重合操作顺序,复位和闭锁,识别故障所在地,使停电区域限制最小。它能够按照预定的开断和重合顺序在交流线路中自动进行开断和重合操作,并在其后自动复位和闭锁,无需附加继电保护装置和提供操作电源。按照动作原理,可分为机械型重合器和电子型重合器。动作时间具有反时限特性,即电流越大,动作时间越短。当配电网馈线发生短路故障时,重合器检测到故障电流将按照事先整定好的时间进行开断和重合操作。当为永久性故障时,达到整定的最大开断和闭合次数后断路器闭锁并隔离故障区域;若为瞬时性故障,则在循环分合闸过程中任何一次重合成功,终止后续的分合闸动作。

重合器和断路器有类似之处,但同时存在很大的差异,主要体现在以下几个方面:

(1)在结构上,重合器具有控制系统,而断路器不具有控制系统。

(2)在功能上,重合器强调故障位置辨识,即强调开断、重合操作顺序、复位和闭锁,而断路器强调短路故障的切除,即仅强调开断和关合。

(3)在控制方式上,重合器是自具控制设备、检测、控制、操作自成体系,无需附加装置,而断路器与其控制系统在设计上往往是分别考虑的,其操作电源亦需另外提供。

(4)在开断特性上,重合器的开断具有反时限特性,以便与熔断器的时间－电流特性相配合，而断路器所配继电保护装置虽有定时限与反时限之分，但无双时性。

(5)在操作顺序上，不同重合器的闭锁操作次数、分闸速度、重合间隔等一般都不同，而断路器的循环操作顺序常由标准统一规定。

(6)在使用地点上，重合器既可安装于变电站内，也可安装在野外的柱上；而断路器因受操作电源和继电保护装置的限制，只能安装在变电站内。

2.2.2.3 分段器

分段器是提高配电网供电可靠性的又一种重要设备，一般装有简单的灭弧装置，但其结构相对比较简单，能切断额定负荷电流和一定的过载电流，但不能切断短路电流。分段器必须和前级主保护开关配合，在失压和无电流的情况下自动分闸。当发生永久性故障时，分段器操作机构动作进行分合闸，达到预定次数的分合操作后闭锁于分闸状态，从而达到隔离故障线路区段的目的。若为瞬时性故障或故障已被切除，分段器将会在达到预定最大动作次数前合闸成功并保持合闸状态，并经一段延时后恢复到预先的整定状态，为下一次故障做好准备。

2.2.3 智能化终端设备 FTU

2.2.3.1 FTU 的基本概念

智能化终端设备 FTU，其全名为配电网自动化馈线远方终端单元，是安装在配电室或馈线上的智能终端设备，其包含馈线终端单元和配电终端单元，一般统称为 FTU，是整个馈线自动化系统的基础控制单元，起到了连接开关与数据采集和主站的桥梁作用[4]。根据应用场合可分为户外 FTU、环网柜 FTU 和开闭所 FTU，三种类型的 FTU 的基本功能相同，都包括遥信、遥测、遥调和故障电流检测等功能，主要区别在于监控馈线的数量不一样。FTU 通过通信功能，可以将检测的配电网运行数据、报警信息等通过与远方主站通信，将其传送给主站，同时也可通过远方操作实现对 FTU 的控制、调节和参数整定。

2.2.3.2 FTU 的组成及功能

FTU 在本质上是一个具有独立工作能力的智能设备，主要由远方终端控制器、充电器、蓄电池等部分组成，而远方终端控制器是 FTU 的核心模块，需要完成 FTU 的主要功能，包括参数整定、信号测量、逻辑计算、控制输出、通信处理等[5]。FTU 系统通常包括模拟量采集回路、数字量采集回路图、通信接口及 CPU、RAM、ROM 等核心芯片，为追求高性能的滤波和信号处理能力，目前 FTU 已逐渐采用 32 位高集成性能的 DSP 部件。图 2-1 所示为典型的 FTU

系统功能结构框图。

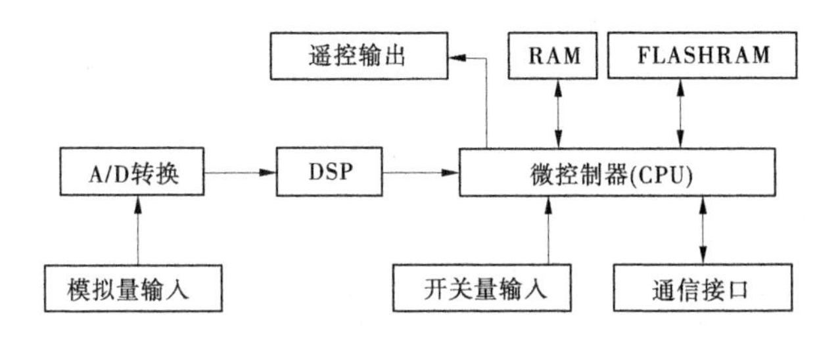

图 2-1 FTU 系统功能结构框图

FTU 系统功能结构框图中,模拟量输入主要包括测量电压信号、测量电流信号、保护用电流测量信号、保护用电压测量信号、零序电压信号、零序电流信号、相位角、温度、蓄电池电压等;开关量输入主要包括开关设备的开闭合状态、继电保护装置的动作情况等;遥控输出主要是控制开关的开合动作、备用电源的自投等;通信接口通常包含就地通信、用户通信和主站通信等。

FTU 通过安装在电源侧的 10 kV 电压互感器采集馈线的电压信息,通过开关上的电流互感器采集馈线的线路电流信息。基于上述采集信息,通过 A/D转换、DSP 处理或相关程序运算可获得电压、电流、有功功率、无功功率、功率因数、电量等监视系统运行所需的数据。通过开关辅助节点,获取开关的分合状态、储能电源的电量状态等。利用通信接口及通信设备,将所采集信息传送至控制子站或主站。控制子站或主站通过执行相应的控制指令,对开关进行相应的分合闸操作。依据 DL/T 721—2013 配电网自动化系统远方终端电力行业标准,FTU 通常所具备的具体功能有[6]以下几个方面。

1. 基本功能

(1)配电自动化终端及子站应采用模块化、可扩展、低功耗的产品,具有高可靠性和适应性。

(2)配电自动化终端及子站的通信规约支持 DL/T 634.5101、DL/T 634.5104 规约,并在条件成熟时支持 DL/T 860(IEC 61850)传输协议。

(3)配电自动化终端及子站应具备对时功能,接收主站对时命令,或接收网络、北斗(GPS)等对时命令,与系统时钟保持同步。

(4)配电自动化终端电源可采用系统供电和蓄电池(或其他储能方式)相结合的供电模式。

(5)配电自动化终端应具有明显的装置运行、通信、遥信等状态指示。

2. 必备功能

(1)采集并发送交流电压、电流,支持超越定值传送。

(2)采集并发送开关动作、操作闭锁、储能到位等状态量信息,状态变位优先传送。

(3)采集温度、蓄电池电压等直流量信息并向上级传送。

(4)应具备自诊断、自恢复功能,对各功能板件及重要芯片可以进行自诊断,故障时能传送报警信息,异常时能自动复位。

(5)应具有热插拔、当地及远方操作维护功能。

(6)可进行参数、定值的当地及远方修改整定。

(7)支持程序远程下载。

(8)提供当地调试软件或人机接口。

(9)应具有历史数据存储能力,包括不低于256条事件顺序记录、30条远方和本地操作记录、10条装置异常记录等信息。

(10)配电终端应具备串行口和网络通信接口,并具备通信通道监视功能。

(11)具备后备电源或相应接口,当主电源故障时,能自动无缝投入。

(12)具备软硬件防误动措施,保证控制操作的可靠性。

(13)具备实时控制和参数设置的安全防护功能。

(14)具备当地/远方操作功能,配有当地/远方选择开关及控制出口压板。

(15)遥控应采用先选择再执行的方式,并且选择之后的返校信息应由继电器接点提供。

(16)具有故障检测及故障判别功能。

(17)数据处理与转发功能。

(18)工作电源工况监视及后备电源的运行监测和管理,后备电源为蓄电池时,具备充放电管理、低压告警、欠压切除(交流电源恢复正常时,应具备自恢复功能)、人工/自动化控制等功能。

(19)后备电源为蓄电池供电方式时应保证停电后能分合闸操作3次,维持终端及通信模块至少运行8 h;后备电源为超级电容供电方式时应保证停电后能分合闸操作3次,维持终端及通信模块至少运行1 h。

3. 选配功能

(1)可根据需要配备过流、过负荷保护功能,发生故障时能快速判别并切除故障。

(2)实现电压、电流、有功功率、无功功率的测量和计算。

(3)具备小电流接地系统(中性点非有效接地系统)的单相接地故障检测,支持就地馈线自动化功能。

(4)配电线路闭环运行和分布式电源接入情况下宜具备故障方向检测功能。

(5)可以检测开关两侧相位及电压差,支持解合环功能。

(6)支持 DL/T 860(IEC 61850)对配电自动化扩展的相关应用。

2.2.4 配电网馈线自动化设备配置

2.2.4.1 配电网馈线开关设备的配置

配电网馈线开关设备配置的目的就是通过合理数量的断路器、重合闸、分段器等开关设备的位置配置,使其能在最大程度上提高配电网的自动化水平和供电可靠性,是技术性和经济性综合协调的优化问题。目前,国内外通常采用两种方法进行配电网馈线开关设备的配置:简单分段法和最优化方法。

简单分段法主要以可靠性收益与可靠性成本综合分析为基础,利用是否设置馈线开关设备对造成停电损失的量化计算确定馈线开关设备的位置与数量。相关研究表明[7],对于主馈线的馈线开关其配置的准则为:当在馈线区段不设馈线开关与所有段均设馈线开关两种状态下系统的年停电损失之差小于馈线开关的年费用时,则需要在该段馈线首端装设馈线开关。相关研究表明[8],对于主馈线末端的馈线开关设备的配置原则为:对每段主馈线末端的装设馈线开关设备后对应分支馈线减少的停电损失大于分段开关等年值成本时,馈线末端才有必要装设馈线开关设备。简单分段法具有简单、直接和便捷的优点,在工程中已经被应用。然而,因其配置原则属于充分非必要条件,该类方法并不能保证全局最优的配置结果。

随着针对具有离散变量优化问题的相关最优化技术的快速发展,配电网馈线开关设备配置的最优化准则成为研究的热点。该类方法的基本原理为:确定优化目标和相应约束条件,然后选择一种有效的最优化方法对其进行决策求解,从而确定馈线开关设备的位置和数量。利用最优化技术确定配电网馈线开关设备装置位置和数量时,通常采用投资费用、维护费用和供电损失费用之和作为决策目标,而约束条件一般包括可靠性约束、节点电压约束、馈线支路负荷约束、网络拓扑约束及潮流约束等[9-12]。采用决策方法主要有群体智能算法[9]、0-1 整数规划法[10]、动态规划法[11]、二分法[12]等。利用群体智能算法优点在于处理离散变量时方便,但存在容易陷入局部最优,无法真正找到最优配置策略。采用动态规划时可能因变量数太多,导致陷入维数灾,而二分法的求解方法普适性差。总体而言,基于最优化的馈线开关设备配置方法还处于发展阶段,但必将随着最优化技术,如半定规划、互补优化理论、非光滑优化等技术的发展,获得契合工程应用的最优化馈线开关设备配置方法。

当馈线开关设备位置和数量通过简单分段法或最优化方法确定后,在进行具体配置时还要遵循以下原则:

(1)10 kV 架空线路柱上分段及联络开关一般选用 SF_6 或真空负荷开关,具备免维护或少维护的功能,并根据配电自动化规划配置或预留自动化功能。

(2)变电站馈线断路器保护不到的农田或山区 10 kV 架空长线路的中末端适当位置选用重合器保护。

(3)10 kV 架空线路故障多的分支线可安装故障自动隔离负荷开关,对 10 kV 架空线路用户和 10 kV 电缆单环网用户,应在产权分界点处安装用于隔离用户内部故障的故障自动隔离负荷开关。

2.2.4.2 智能化终端设备 FTU 的配置

通常当馈线开关设备配置后,和馈线开关设备相对应进行智能化终端设备 FTU 的配置,该方法简单、便捷、直接,可完全实现对馈线开关设备的监控、信息采集、就地与远程操作等,是工程中在经济条件允许的情况下常用的配置方法。但该方法存在着导致资源配置的经济性下降和技术的浪费,因此基于最优化的配置方法被提出[13]。文献[13]从一次网架、可靠性和经济性三个方面进行分析,探讨对智能化终端设备 FTU 配置的影响机制,在此基础上建立了可靠性和经济性双重约束下的智能化终端设备 FTU 配置的最优化方法,使在满足可靠性要求的基础上经济上达到最优,为馈线智能化终端设备 FTU 配置提供了新途径。

2.3 配电网远方控制馈线自动化系统模式

配电网远方控制馈线自动化模式包含分布式智能型馈线自动化模式和集中智能型馈线自动化模式。

2.3.1 分布式智能型馈线自动化模式

在分布式智能型馈线自动化模式中,相邻的智能化终端设备 FTU 间依靠高可靠性和高信息交换效率的通信网络实现信息共享,大部分时间无需主站系统的参与,当配电网发生故障时主要依靠相邻 FTU 间的信息交换,实现故障馈线区段的位置辨识、隔离及供电恢复。通常分布式智能型馈线自动化系统模式具有以下技术特征[14]：

(1)智能化的终端设备 FTU 能及时监测周围情况，可动态实时获取整个配电系统的运行状况，能够完成复杂的运算逻辑，对配网系统可能出现的各种状况具有强适应性。

(2)尽量避免主站系统对系统发生事件后的参与，所有决策由智能化终端设备 FTU 之间相互协商解决。

(3)系统馈线发生故障后不出现越级跳闸。

(4)一次系统接线方式改变后，要实现只对相关配电终端的保护定值做微小改动。

(5)一次系统可灵活地接入新能源。

(6)要具备基本的"三遥"(遥信、遥测、遥控)功能，并可进行保护远程设置。

(7)系统发生故障后能够在数秒内完成故障隔离和系统重构，减少故障停电时间和范围。

在分布式智能型馈线自动化模式中，配电网馈线发生故障后，故障辨识与隔离的基本过程为：如果某一段配电网馈线发生短路故障，在故障点电源侧的智能化终端设备 FTU 检测到故障电流信号；相反，负荷侧的智能化终端设备 FTU 检测不到故障电流信号，然后相邻智能化终端设备 FTU 之间通过保护信号专用通信网络实现故障信息交换，从而辨识出馈线故障的区段，并通过故障馈线两侧的智能化终端设备 FTU 实现馈线开关设备的跳闸闭锁来隔离故障区域。下面以图 2-2 所示"手拉手"环式接线配电网为例进一步分析分布式智能型馈线自动化模式的馈线故障辨识原理。

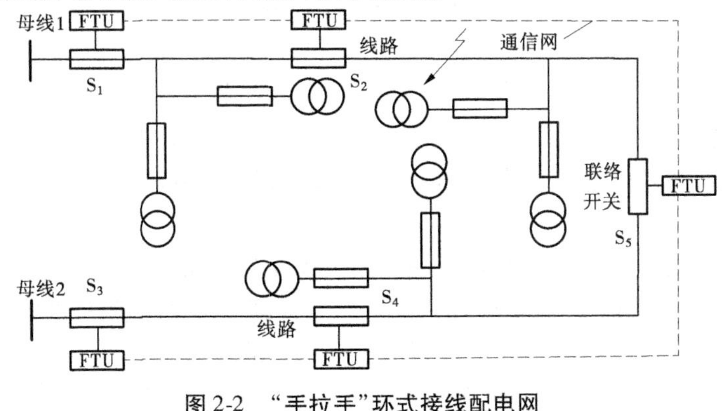

图 2-2 "手拉手"环式接线配电网

如图2-2所示的馈线发生短路故障，断路器S_1与分段开关S_2之间区段上的故障电流是穿越性的，即断路器S_1和分段开关S_2处的FTU同时检测到故障过电流。分段开关S_2与S_3之间馈线区段上的故障电流是注入性的，即分段开关S_2处的FTU检测到故障过电流；而分段开关S_3处的FTU未检测到故障过电流，相邻的FTU间通过通信网络实现故障电流信息共享，从而判定出馈线故障区段发生在分段开关S_2与S_3之间。确定故障区段后，将与之相连的所有分段开关断开。故障被隔离后，首先合上变电站出线断路器，恢复故障点上游区的供电。联络开关S_5在检测出一侧带电而另一侧失电后，等待延时完成闭合，恢复对其他非故障线路区段的供电。

基于上述分析可知，分布式智能型馈线自动化模式的优点在于：能够缩短故障隔离及非故障区段的供电恢复时间，并在一定程度上减轻了上级配电主站的负担。但因FTU之间需要互相的交换信息，因此通信配置较复杂，费用较高，付出的经济代价大。此外，其故障辨识的准确性依赖于通信系统的可靠性及智能化终端设备FTU的工作可靠性，若出现通信信息畸变及FTU工作失效的情况，将会导致馈线故障区域的错判，导致事故范围的扩大。例如，图2-2中的馈线故障时，若馈线开关S_2处智能化终端设备FTU故障或受干扰未检测故障过电流，断路器S_1与分段开关S_2之间区段上的故障电流及分段开关S_2与S_3之间馈线区段上的故障电流都成为注入性的，因此将判断出两处馈线发生故障，出现了错判，扩大电网的事故范围。

此外，在进行供电恢复时，分布式智能型难以从全局判定供电恢复方案的最优性，存在多种供电恢复方案时，只能按照一定的顺序进行试探合闸，当检测到不存在过负荷时，即确定出供电恢复方案，但此时的方案可能导致配电网潮流分布不合理，配电网线损增加和运行综合经济性下降。下面以图2-3为例进一步分析分布式智能型馈线自动化模式下故障后的恢复方案。下游区有多个恢复方案组合：

(1)当馈线B满足安全性和可靠性要求的负荷裕度时，合上联络开关S_{T1}以将馈线A的下游区的配电网馈线负荷转移到馈线B；

(2)当馈线C满足安全性和可靠性要求的负荷裕度时，合上开关S_{T2}以将馈线A的下游区的配电网馈线负荷转移到馈线C；

(3)当馈线B和馈线C的负荷裕度在安全性和可靠性上都不满足恢复下游区配电网馈线(Z_3、Z_4和Z_5)的全部负荷，但馈线B的负荷裕度满足恢复区段Z_3和Z_4负荷的安全性和可靠性要求，馈线C的负荷裕度满足恢复区段Z_5负荷的安全性和可靠性要求时，则可以首先通过遥控操作拉开开关S_{14}，然后合

上开关 S_{T1} 和 S_{T2}，以恢复下游区全部负荷的供电。

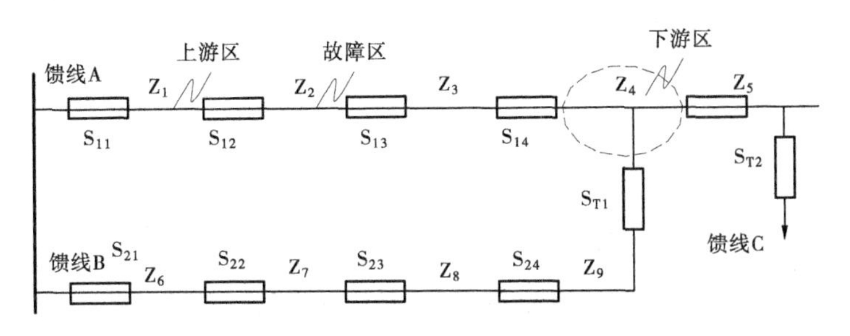

图 2-3　集中模式的故障恢复示例

由上述分析可知，当配电网规模较大或接线复杂时，恢复方案组合将成几何倍数增长，采用试探合闸方法。在选择可行的恢复方案时，难以同时满足网络拓扑约束、潮流和电压约束，而且将会极大地增加供电时间，降低系统运行的可靠性。

2.3.2　集中智能型馈线自动化模式

图 2-4 所示为集中智能型馈线自动化模式。该模式由现场设备层、区域集结层和控制中心层组成。其中，现场设备层主要由智能化终端设备 FTU 和电量集抄器等构成，统称为配电自动化终端设备，在柱上开关处安装馈线终端单元，完成对柱上开关的监控，包括负荷、电压、功率、开关开闭情况等，并将上述信息上传至区域集结层；区域集结层以 110 kV 变电站或重要配电开闭所为中心，将配网划分成多个配电区域，在各区域中心设置配电子站又称区域工作站，用于集结所在区域内大量分散的配电终端设备，如智能化终端设备 FTU、配变终端单元 TTU 和电量采集器的信息，并将上述信息上传至控制中心层；控制中心层建设在城市的区域供电控制中心（城市调度中心），通常配备基于交换式以太网的配电自动化后台系统，往往还包括配电地理信息系统、需方管理和客户呼叫服务系统等功能，用于管理隶属区域范围内的配电网。

当配电网馈线发生故障时，由现场设备层的智能化终端设备 FTU 采集并记录下故障前及故障时的重要信息，如最大故障电流和故障前的负荷电流、最大故障功率、报警信息值等，并经通信系统送至区域集结层或进一步送至控制中心层，由系统根据配电网的实时拓扑结构按照一定的逻辑算法或最优化算法确定故障区段，可通过合理的故障定位模型和优化算法，使得在部分智能化终端设备 FTU 受到干扰或故障造成报警信息畸变时，仍然能够准确地辨识出馈线故障发生区段。在进行供电恢复时，可以计及配电网拓扑结构、潮流分布

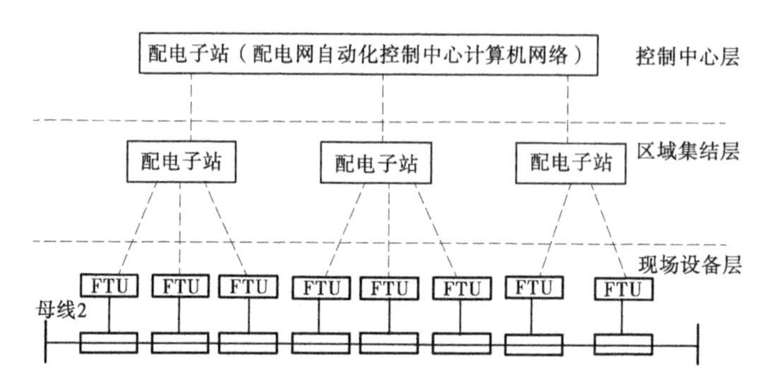

图 2-4　集中智能型馈线自动化模式

等确定可行或优选的故障恢复步骤，自动或人工干预发出相应开关设备的操作命令，当采用优化策略时能够综合考虑开关操作次数、馈线裕度、负荷恢复量、网络约束等因素，提出最优的恢复方案[15-17]，有效克服了分布式智能馈线自动化模式的缺点，开关动作次数少，对配电系统的冲击小，特别适合于具有复杂结构的配电网。

随着配电网建设的快速发展、分布式电源和主动负荷的接入等，配电网规模不仅越来越大且结构越来越复杂，分布式智能馈线自动化模式的缺点将更加突出，集中模式的控制方案在故障定位容错性方面具有强适应性，供电恢复时具有高效性和综合协调性。此外，随着电子技术的发展，电子、通信设备的可靠性不断提高，计算机和通信设备的造价降低，光纤通信技术的发展等，集中智能型馈线自动化模式将成为我国电力企业馈线自动化故障处理的主要技术解决方案。

2.4　配电网数据采集与监视控制系统(SCADA)

2.4.1　配电网 SCADA 的功能与特点

配电网 SCADA 源于工业 SCADA，在 19 世纪 90 年代已经出现了远动控制和远程显示技术。20 世纪 20 年代，基于电话通信技术，多点传输技术被应用于商业化的 SCADA 控制系统中。20 世纪 60 年代，计算机技术的发展推动了 SCADA 控制系统结构的变革，使得远程参数的大规模获取和大量物理装置的控制更加方便，基于计算机技术的 SCADA 控制系统成为发展主流。SCADA 是一个由计算机、网络数据通信和高级过程监控管理的图形用户界面构成的控制系统架构，并使用可编程逻辑控制器和离散 PID 控制器等其他外围设备与处理器或处理站相连接，通过 SCADA 监控计算机系统来处理能够监控和发出过程命令的操作员接口，如控制器的工作点变化，利用连接到就地传感器和执行器的网络化模块完成实时控制逻辑的执行和控制器计算。实际上，SCADA 系统是一类综合利用计算机技术、控制技术、通信与网络技术等的计算机远程控制与数据采集系统，完成测控点分散的各种过程或设备的实时数据采集，以及生产过程的全面实时监控。

配电网 SCADA 是以计算机为基础面向配电网生产控制和调度自动化的数据采集与监视控制系统，主要通过远程监测装置实现配电网运行参数和状态量的采集、数据的处理与设备的远程控制等。监测装置主要监控对象包括变电站内的 RTU、监测配电变压器运行状态的 TTU 及监控馈线运行状态的 FTU。通常配电网 SCADA 基本功能包括数据采集、数据处理、报警、故障定位、状态监视、事件顺序记录、统计计算、事故追忆、历史数据存储、监督控制、无人值班变电站接口、定值远方切换、线路动态着色等。尤其是数据采集功能，其利用智能化终端设备 FTU 周期性或事件驱动机制采集配电网的运行数据，是 SCADA 系统最基本的功能，通过 FTU 所监视馈线参数主要线路的电流、电压、零序电流、零序电压、功率流大小及方向、相位、重合器的整定和状态、分段器和柱上断路器状态、静补电容器组状态、电压调整器状态、设备位置等。通过采集的数据不仅可全面地了解配电网的动态运行情况，并且是其他功能如电网故障诊断、电网状态估计、电网网损计算、电压质量评估等所需数据的基础信息源。

受配电网结构、规模和运行方式等综合因素的影响，配电网 SCADA 主要特点有：

（1）监控的对象多、数量大、面积广。配电网 SCADA 除监控变电站的设备外，还包含大量馈线沿线设备的监控，例如柱上变压器、开关和刀闸，监控对象的数量远远高于输电网的监控对象数量，且因监控对象位置分散、分布面积广、采集参数多等因素影响，大幅度增加了采集信息的困难。

（2）配电网运行方式多变。配电网随着负荷的变化，为提高配电网运行的综合经济性，通常采用配电网重构措施优化配电网潮流分布，从而造成配电网结构的变化；配电网所处环境比较复杂，发生故障的概率远比输电网的故障率高。因此，配电网的操作频率远比输电网多，配电网 SCADA 除需采集静态参数外，还必须采集配电网的动态数据，如开关的动作信息、短路电流和短路电压等，对数据的实时性要求更高。

(3)配电网馈线监控终端工作环境复杂多变,容易造成数据采集信息的丢失或畸变,降低数据源信息的可靠性,因此配电网 SCADA 对数据源信息处理时要求具有强适应性和高容错性。

(4)配电网远程控制集中式馈线自动化模式所需的数据信息源分布的范围广、信息量大且要求实时性高,因此配电网 SCADA 对通信系统的实时性、可靠性要求更高。

(5)可中断负荷、主动负荷、分布式发电接入、电动汽车与配电网的双向互动等使得配电网运行时受不确定因素影响更加明显和频繁,因此配电网 SCADA 对系统的不确定性要具有强适应性。

2.4.2 配电网 SCADA 的监控对象与任务

依据配电网组成,配电网 SCADA 基本监控对象包括变电站 10 kV 出线、10 kV 馈线线路、开闭所和配电变电所、二次设备等。通过对各个监控对象的监控可以达成相应的“四遥”任务,即遥信、遥测、遥控、遥调。

遥信:利用现场终端设备采集配电网的各种开关设备的实时状态(开关量),如断路器的位置信号、断路器失灵信号、各种越限动作跳闸信号、重合闸动作信号、交直流电源异常信号、分段开关位置信号,并通过配电网的传输信道送到监控子站或主站。

遥测:利用现场终端设备采集配电网的各种模拟量(如电流、电压、短路电流、短路电压、用户负荷、相位等)的实时数值,并通过配电网的传输信道送到监控子站或主站。遥测信息以采集电流信息为主,同时也考虑小电流接地信号的采集。

遥控:由运行人员通过监控主站或子站发送开关开合命令,通过配电网信息传输信道传给现场终端执行机构,实现开关设备远程开合操作,从而实现配电网运行方式优化、故障隔离、用户供电恢复等。

遥调:由运行人员通过监控主站、子站或高级监控程序发送参数调节命令,并通过配电网传输信道传达给现场设备终端调节机构对特定参数进行调节,从而实现参数整定和基准值重新设置。

配电网 SCADA 的任务可归纳为:向配电网运行人员提供配电网实时数据,使其动态了解配电网实时情况和负荷变化趋势;为各种电力系统自动化高级功能软件提供准确可靠的信息源,实现对配电网优化控制、调度、故障预测和恢复;提升配电网自动化水平,提高工作效率,减轻运行、操作、维护人员的劳动强度。

2.4.3 配电网 SCADA 的配置

依据配电网 SCADA 的特点，配置时通常采用分层组织模式，即把分散的配电网自动化终端设备组成多个配电子站，实现监控信息的区域集结，然后汇集到配电主站，实现配电网 SCADA 的数据采集和控制功能。此外，因配电网进线监视、开闭所监视、馈线自动化、配变监视等之间具有强耦合性，需要将馈线自动化、开闭所监视及配电变电站自动化等集成为一体化的配电网 SCADA；当监控对象分散性强、数量大、面积广时，可进一步对子站进行多级分层。图 2-5 所示为配电网 SCADA 分层配置结构原理图。

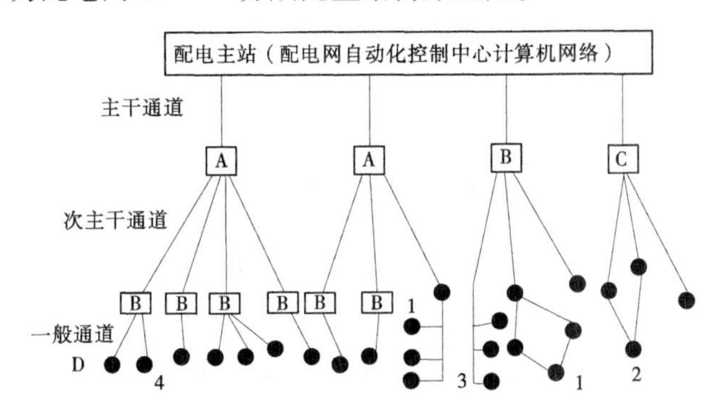

A— 一级主站；B—二级主站；C—开闭所 RTU；D—FTU；

1—主从结构；2—多点环式结构；3—多点共线结构；4——对一结构

图 2-5 配电网 SCADA 分层配置结构原理图

配电网 SCADA 的分层配置主要包括主站配置、子站配置、自动化终端设备配置。主站通常设置在配电管理中心，分为单独配置模式、与电力调度中心协同配置模式；子站又称为中压监控单元，其配置位置、数量、层级数等取决于配电网结构、规模、负荷情况、地理环境等，其配置模式通常有独立模式、与变电站自动化系统协同配置模式；自动化终端设备配置有多点共线模式、主从模式、多点环式模式、一对一模式，采取何种模式要从可靠性、经济性，监控对象的数量、规模等综合分析基础上确定。

2.4.4 配电网 SCADA 与集中智能型馈线自动化

集中智能型馈线自动化系统通常都是建立在配电网 SCADA 基础上，利用其提供的数据源信息实现配电网馈线故障的辨识、供电恢复等。配电网 SCADA 可比作自然界生命体的神经元，利用其获取集中智能型馈线自动化系统所需的继电保护动作信息、过电流信息、开关位置信息等。而馈线自动化系统则是一个信息加工场,当检测到配电网 SCADA 存在故障报警信号时,通过故障辨识算法对由配电网 SCADA 获取的数据源信息进行分散或集中处理,找出馈线故障的位置,然后利用供电恢复算法确定供电恢复优选方案,并将馈线故障位置、供电恢复方案上传至配电网 SCADA,进而利用配电网 SCADA 的遥调功能实现故障馈线隔离与非故障区域的供电恢复。图 2-6 所示为配电网 SCADA 与集中智能馈线自动化间耦合关系。

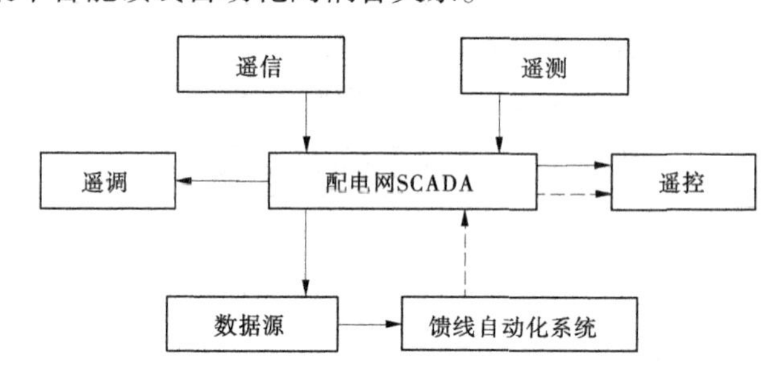

图 2-6 配电网 SCADA 与集中智能馈线自动化间耦合关系

2.5 配电网地理信息系统(GIS)

2.5.1 配电网 GIS 的功能与特点

地理信息系统又称为地学信息系统,它是在计算机硬、软件系统支持下,对整个或部分地球表层空间中相关地理分布数据进行作图、采集、储存、管理、运算、分析和统计的空间信息系统,最主要特点就是将数据信息可视化,对降低运行人员工作强度、提高系统空间设备的管理效率等方面具有重要作用。配电网具有设备多、地理分布广、设备多、运行环境复杂、故障率高等特点,为提升配电网自动化水平、提高配电网供电可靠性、优化配电网的运行管理效率等,工程技术人员将配电网线路、变压器、杆塔、保护设备、开关设备等电力设备的位置信息、电气耦合信息、报警信息、潮流信息等集成到地理信息系统中,开发出适合于配电网运行管理的配电网地理信息系统,以实现各种电力设备的参数属性和运行信息的管理。

配电网地理信息系统的主要功能[18]有 图层管理、图形编辑、图形显示、图形输出、信息查询、统计分析、潮流计算、拓扑结构辨识追踪等。

配电网地理信息系统的主要特点为:通过将配电网信息可视化(如将某

个故障设备的位置和故障类型在系统中显示出来),能以地理信息为背景,将图形软件和数据库相结合,从而实现对各种电力设备的参数属性和运行信息的监视、管理、控制,且其可与配电网 SCADA 等系统实现信息共享。

2.5.2 配电网 GIS 的系统组成

配电网 GIS 主要有基于局域网的 C/S(client/server)系统架构和基于因特网的 B/S(browser/server)系统架构两种类型。C/S 系统架构操作灵活、响应速度快、数据安全性好、网络通信量小,但因采用局域网,使得使用范围和信息共享方面略显不足。B/S 系统架构具有开放性、扩展性,服务器负担轻,便于信息共享等优势,但存在信息安全、操作不方便、网络堵塞等不足。为有效克服上述系统架构的不足,采用 C/S 和 B/S 混合系统架构的配电网 GIS 可实现上述两种架构系统的优势互补[19]。三种架构下的配电网 GIS 的结构上相似之处在于由网络、数据、硬件、软件、方法等五部分组成的数据库,数据库管理,硬件与软件系统,应用人员和组织机构四个模块,实现设备和用户的权限管理、图形维护、拓扑追踪、信息查询、报表统计、数据分析及与信息共享等功能。图 2-7 所示为配电网 GIS 的系统组成。

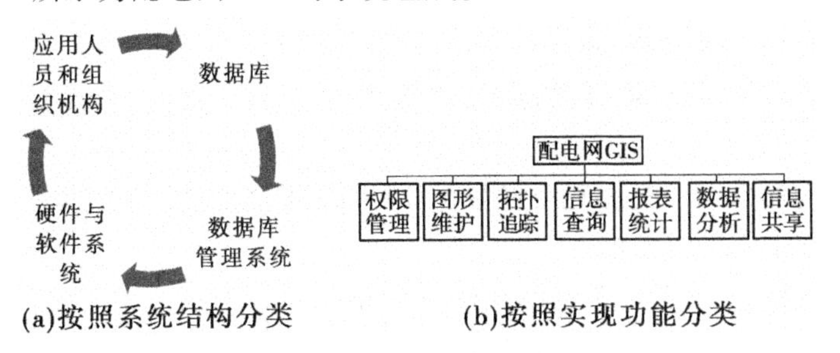

图 2-7 配电网 GIS 的系统组成

2.5.3 配电网 GIS 与集中智能型馈线自动化

集中智能型馈线自动化系统故障定位算法的有效性不仅和配电网 SCADA 中获取故障过电流报警信息有关,而且和配电网馈线节点间的耦合关系直接关联。在配电网自动化背景下,为实现配电网的安全、可靠、优质、高效的运行,需要依据负荷水平动态调整负荷的供电路径和供电电源,从而会导致配电网拓扑结构的变化。此外,故障线路的切除措施也会导致配电网馈线节点间的拓扑耦合关系发生变化。因此,馈线自动化系统需要依据配电网拓扑变化情况动态调整故障定位算法,而配电网 GIS 的拓扑追踪模块可为馈线自动化系统提供馈线节点耦合关联信息、拓扑动态变化信息,即配电网 GIS 是配电网馈线自动化系统的拓扑信息源。图 2-8 所示为配电网 GIS 与集中智能馈线自动化间耦合关系。

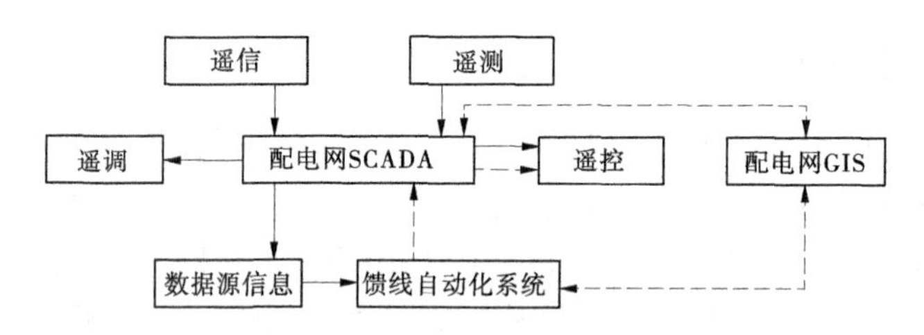

图 2-8　配电网 GIS 与集中智能馈线自动化间耦合关系

2.6　本章小结

配电网远方控制馈线自动化是配电网馈线故障辨识最优化技术的理论基础,本章围绕着馈线自动化设备配置、远方馈线控制自动化模式、配电网 SCADA、配电网 GIS 等四个方面的内容进行介绍,主要内容可概括为:

(1) 介绍了重合器、断路器、分段器等三种配电网馈线自动化开关设备,简要分析了三种设备的结构特点与功能,概括了其在配电网中的配置方法与原则。

(2) 简要介绍了智能化终端设备 FTU 的概念、组成和功能,归纳总结了其在配电网中的配置方法。

(3) 概括总结、简要分析和比较了分布式和集中式两种配电网远方控制馈线自动化模式的结构、故障定位过程、优缺点等。

(4) 简要介绍了配电网 SCADA 的功能特点、系统组成等内容,阐述了其与配电网集中智能型馈线自动化间的关系。

(5) 简要介绍了配电网 GIS 的功能特点、监控对象与任务、系统配置等内容,阐述了其与配电网集中智能型馈线自动化间的关系。

参考文献

[1] 林功平. 配电网馈线自动化技术及其应用[J]. 电力系统自动化,1998,22(4):64-68.

[2] 张敏,崔琪,吴斌. 智能配电网馈线自动化发展及展望[J]. 电网与清洁能源,2010,26(4):41-43.

[3] 林功平,徐石明,罗剑波.配电自动化终端技术分析[J].电力系统自动化,2003,27(12):59-62.
[4] 袁龙,滕欢.基于 IEC61850 的馈线终端的研究[J].电力系统继电保护与控制,2011,39(12):126-129.
[5] 杨武盖.配电网及其自动化[M].北京:中国水利水电出版,2004.
[6] 国网电力科学研究院.配电网自动化远方终端:DL/T 721—2013[S].国家能源局,2013.
[7] 万国成,郭晓玉,任震.配网馈线上分段开关的设置[J].继电器,2002,30(11):10-13.
[8] 万国成,任震,荆勇,等.主馈线分段开关的设置研究[J].中国电机工程学报,2003,23(4):124-127.
[9] 谢开贵,周家启.基于免疫算法的配电网开关优化配置模型[J].电力系统自动化,2003,27(15):35-39.
[10] 王天华,王平洋,范明天.用 0 - 1 规划求解馈线自动化规划问题[J].中国电机工程学报,2000,20(5):54-58.
[11] 谢开贵,刘柏私,赵渊,等.配电网开关优化配置的动态规划算法[J].中国电机工程学报,2005,25(11):29-34.
[12] 葛少云,李建芳,张宝贵.基于二分法的配电网分段开关优化配置[J].电网技术,2007,31(13):44-49.
[13] 徐飞.配网自动化条件下的 FTU 优化配置[J].四川电力技术,2013,36(2):48-53.
[14] 何锐,陈建,张智,等.分布式智能技术在智能配网馈线自动化中的应用[J].宁夏电力,2007(s):29-33.
[15] 焦振有,焦邵华,刘万顺.配电网馈线系统保护原理及分析[J].电网技术,2002,26(12):75-78.
[16] 焦邵华,焦燕莉,程利军,等.馈线自动化的最优控制模式[J].电力系统自动化,2002,26(21):49-52.
[17] 刘海涛,沐连顺,苏剑.馈线自动化系统的集中智能控制模式[J].电网技术,2007,31(23):17-21.
[18] 严晓蓉,周仁华.配电网 GIS 地理信息系统[J].电力自动化设备,1998,68(4):37-38.
[19] 李国庆,潘振波,王丹,等.基于 C/S 与 B/S 混合架构的配电地理信息系统[J].电网技术,2009,33(6):102-106.

第3章　配电网故障辨识最优化基础理论

3.1　引　言

最优化方法又称为运筹学,通常是指利用数学方法辅助决策者找出一定资源约束下的决策方案或运行策略,实现单个指标或多个指标最优。配电网故障辨识最优化理论则是以最优化方法为基础,以配电网为研究对象,基于配电网远方控制馈线自动化的数据采集信息,建立配电网故障辨识优化指标和约束条件,以此为基础采用某种最优化方法确定配电网故障辨识优化模型的最优目标函数值所对应的决策向量值,从而确定配电网馈线故障区段位置。

最优化方法应用于工程中一般涉及四个关键部分:首先,确定研究与应用对象,即明确应用的目标对象;其次,确定对象的内生变量、外生变量及其性质,即确定对象的自变量、因变量及连续性特性;再次,构建目标函数与约束条件,建立工程应用问题的最优化数学模型;最后,分析最优化模型的非线性特征和连续性特性,确定最优化模型的最优化决策求解方法。

实际中,将最优化方法在工程中应用时是一个繁杂的过程,通常研究与应用对象容易确定,然而对于内生变量和外生变量的确定,却因不同的决策者对工程问题的认知程度不同可能会导致很大的差异,甚至同一决策者随着时间推移对问题认知的加深,也会导致同一问题所选择的内生变量和外生变量不同。对于最优化模型的构建和确定变量具有类似的特性且更加复杂,有时需要对问题的描述和模型进行反复修改,在进行优化决策时选择一种有效的决策方法也是决策者所面临的一项复杂的任务。

本章将围绕着配电网故障辨识最优化理论所涉及的逻辑优化问题、线性整数规划、非线性规划问题、互补约束优化问题等进行论述,为后续章节的应用提供理论基础。

3.2　约束最优化问题的一般描述

3.2.1　约束最优化问题的一般数学模型

$\boldsymbol{x}$、$\boldsymbol{y}$ 为决策变量(内生变量),$\boldsymbol{x}=[x_1\ x_2 \cdots\ x_n]^{\mathrm{T}}$,$\boldsymbol{y}=[y_1\ y_2 \cdots\ y_m]^{\mathrm{T}}$,$\boldsymbol{g}(\boldsymbol{x},\boldsymbol{y})$为不等式约束组,$\boldsymbol{h}(\boldsymbol{x},\boldsymbol{y})$为等式约束组,$\mathrm{Z}^+$为非负整数集,则约束最优化问题的一般数学模型为[1]

$$\begin{cases}\min f(\boldsymbol{x},\boldsymbol{y})\\ \text{s.t.}\ \ \boldsymbol{g}(\boldsymbol{x},\boldsymbol{y})\leqslant 0\\ \boldsymbol{h}(\boldsymbol{x},\boldsymbol{y})=0\\ \boldsymbol{x}\geqslant 0,\boldsymbol{y}\geqslant 0,\boldsymbol{y}\in \mathbf{Z}^+\end{cases} \tag{3-1}$$

3.2.2　约束最优化问题的数学模型的解

若对于解$(\boldsymbol{x},\boldsymbol{y})\in \mathbf{R}^{m+n}$,且满足$\boldsymbol{g}(\boldsymbol{x},\boldsymbol{y})\leqslant 0$、$\boldsymbol{h}(\boldsymbol{x},\boldsymbol{y})=0$和$\boldsymbol{x}\geqslant 0,\boldsymbol{y}\geqslant 0$,$\boldsymbol{y}\in \mathbf{Z}^+$,则称$(\boldsymbol{x},\boldsymbol{y})$为式(3-1)的可行解,由所有式(3-1)的可行解组成的集合称为可行解集。

若在可行解集中某一可行解$(\boldsymbol{x}^*,\boldsymbol{y}^*)\in \mathbf{R}^{m+n}$相对于所有其他任意可行解$(\boldsymbol{x},\boldsymbol{y})\in \mathbf{R}^{m+n}$,不等式$f(\boldsymbol{x},\boldsymbol{y})\geqslant f(\boldsymbol{x}^*,\boldsymbol{y}^*)$恒成立,则称$(\boldsymbol{x}^*,\boldsymbol{y}^*)\in \mathbf{R}^{m+n}$为式(3-1)的全局最优解。

3.2.3　约束最优化问题分析的一般步骤

图 3-1 所示为约束最优化问题分析的一般步骤。

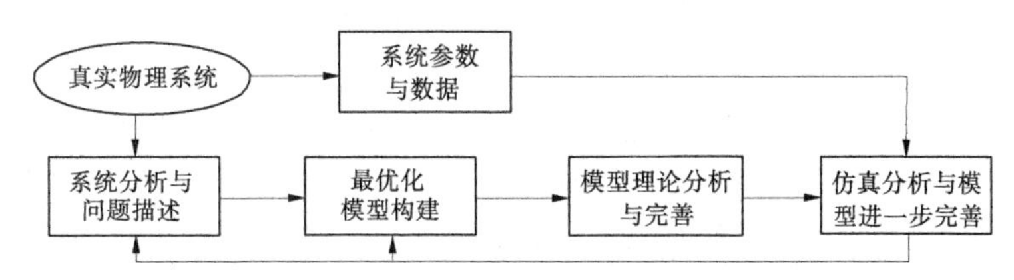

图 3-1　约束最优化问题分析的一般步骤

依据图 3-1,约束最优化分析问题时的一般步骤为:首先,详细分析真实的物理系统,提炼出需要解决的问题并进行描述;其次,对物理系统进行数学建模,包含决策变量选择与作用空间构成、目标函数和约束条件构建;再次,对模型有效性进行理论分析和完善,直到理论模型能够最好地描述真实物理系统;最后,选择一种有效的最优化决策方法,通过仿真分析对所建模型进一步进行有效性检验,若发现结果不能正确有效解释真实系统中的物理现象,需进一步对物理问题的数学描述和模型反复分析、修改和完善,直到达到预期要求。

3.3 配电网馈线故障辨识最优化问题

3.3.1 配电网馈线故障辨识最优化问题描述

配电网在给负荷供电时,因受运行环境、设备老化等因素影响将可能造成馈线短路故障,从而产生比正常运行条件下大得多的短路电流,威胁到配电网运行的安全可靠性,短路时间越长,其对电网的运行安全威胁就越大。因此,配电网馈线故障辨识的主要任务就是,当配电网馈线发生短路故障时,快速准确地找出发生故障的馈线位置并对其进行隔离,从而实现配电网的安全可靠运行。

依据配电网故障辨识的主要任务可以看出,其关注的直接对象为配电网馈线,最终目标是找出发生短路故障的馈线位置。在配电网自动化背景下,不考虑设备故障或信息误报等小概率事件影响,当配电网正常运行时,智能化终端设备 FTU 在监控点不会采集到故障过电流,配电网主站或子站没有过电流报警信息;当配电网馈线发生短路故障时,智能化终端设备 FTU 采集到故障过电流并向配电网主站或子站发出过电流报警信息。配电网馈线故障辨识的最优化方法就是依据配电网主站或子站接收到的过电流报警信息,确定配电网馈线位置,其本质上就是找到一个故障馈线最能解释所有上传至配电网主站或子站的故障电流报警信号。

因此,配电网馈线故障辨识的最优化问题可以描述为:以馈线的运行状态作为决策变量,以假定馈线故障所确定的无畸变报警信息逼近智能化终端设备 FTU 上传的真实电流报警信息,即以无畸变报警信息和真实电流报警信息间的差异化最小作为优化目标。

3.3.2 配电网馈线故障辨识最优化问题的一般模型

因配电网馈线只有正常和故障两种状态,因此可直接用二值法表示馈线正常和故障。若 x_i 表示馈线 i 的运行状态,0 表示馈线正常,1 表示馈线故障,

$\boldsymbol{X}=[x_1 \quad x_2 \quad \cdots \quad x_n]^{\mathrm{T}}$ 为馈线的状态向量，$\boldsymbol{I}^*(\boldsymbol{X})=[I_1^* \quad I_2^* \quad \cdots \quad I_n^*]^{\mathrm{T}}$ 为真实电流报警信息集，$\boldsymbol{I}(\boldsymbol{X})=[\boldsymbol{I}_1 \quad \boldsymbol{I}_2 \quad \cdots \quad \boldsymbol{I}_n]^{\mathrm{T}}$ 为假定故障馈线所确定的无畸变报警信息集，$f(\boldsymbol{I}^*,\boldsymbol{I},\boldsymbol{X})$ 为真实电流报警信息集与故障馈线所确定的无畸变报警信息集间的逼近关系函数，则配电网馈线故障辨识最优化问题的数学模型可以表示为

$$\begin{cases}\min f(\boldsymbol{I}^*,\boldsymbol{I},\boldsymbol{X})\\ \boldsymbol{X}=[x_1 \quad x_2 \quad \cdots \quad x_n]^{\mathrm{T}}\\ x_i=0/1\end{cases} \tag{3-2}$$

依据式(3-2)可以看出，配电网故障辨识的最优化模型是具有离散整数变量的数学规划模型。对于含有离散变量的优化问题通常求解起来比较困难，优化模型的结构对其求解的难度又有很大影响。式(3-2)中目标函数 $f(\boldsymbol{I}^*,\boldsymbol{I},\boldsymbol{X})$ 的构建方式不仅影响到配电网故障辨识的准确性，且会影响着故障辨识过程的效率，因此对于 $f(\boldsymbol{I}^*,\boldsymbol{I},\boldsymbol{X})$ 的构建方式成为配电网馈线故障辨识最优化技术的建模和求解关键。目前，按照采用的运算规则主要分为逻辑建模方法和代数关系建模方法；按照最优化方法的不同可分为逻辑优化、线性整数规划、非线性规划、互补约束规划等。而基于代数关系建模的配电网馈线故障辨识最优化建模方法可采用数值稳定性好、求解效率高的现代优化方法决策求解，有望应用于大规模配电网馈线故障的在线辨识，因此在基于最优化理论的配电网馈线故障辨识方法中，基于代数关系建模将替代传统的逻辑关系建模的方法，而成为主流的发展方向。

3.4 配电网馈线故障辨识的逻辑优化理论

3.4.1 配电网馈线故障辨识逻辑优化模型建模方案

在式(3-2)中，目标函数 $f(\boldsymbol{I}^*,\boldsymbol{I},\boldsymbol{X})$ 的建模方式直接决定着配电网故障辨识优化模型的决策求解方法。采用0/1逻辑建模，具有建模原理简单、易于描述馈线故障和电流报警信息间的逼近关系等优势，成为配电网馈线故障辨识优化模型的重要建模方法。依据文献[2-9]，配电网故障辨识逻辑优化模型建模思路为：以馈线运行状态作为内生变量，采用0/1二值逻辑分别表示配电网馈线正常和故障两种运行状态，在此基础上利用逻辑“或”和逻辑“与”构建开关函数，利用绝对值逼近数学模型描述真实电流报警信息集与故障馈线所

确定的无畸变报警信息集间的逼近关系，从而建立具有 0/1 离散变量和逻辑关系特征的配电网馈线故障辨识逻辑优化模型。图 3-2 所示为配电网馈线故障辨识逻辑优化模型的构建步骤。

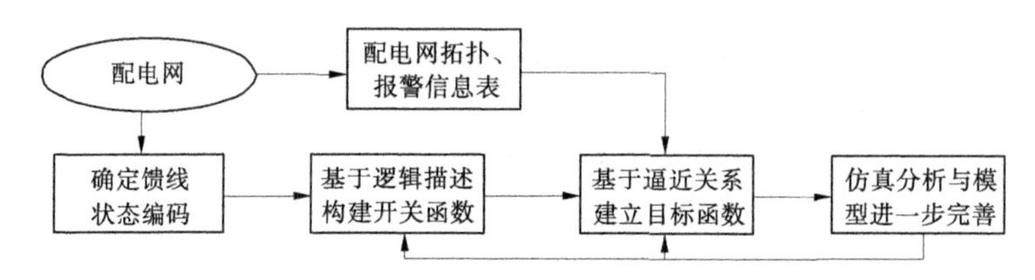

图 3-2　配电网馈线故障辨识逻辑优化模型的构建步骤

3.4.2　配电网馈线故障辨识逻辑优化模型求解方案

配电网馈线故障辨识逻辑优化模型因采用逻辑关系建模，且含有 0－1 离散变量，不能直接应用常规优化算法进行决策求解。群体智能优化算法因对优化问题求解时具有无需梯度信息、易于处理离散变量、具有全局收敛性、编程易于实现等优势，成为配电网馈线故障辨识逻辑优化模型主流的求解方法。目前已有很多的群体智能算法，如遗传算法、仿电磁学算法、和声算法等都应用于该领域，下面对其优化决策原理进行简要介绍。

3.4.2.1　**遗传算法**

遗传算法是模拟生物“适者生存”“优胜劣汰”的进化过程及孟德尔遗传理论，通过生物进化中的繁殖、变异、竞争和选择过程得到问题最优解的随机全局搜索算法，其使用种群搜索技术，通过对当前种群的自然选择和有性繁殖过程模拟，得到具有更加优越性能的新一代种群，反复重复上述过程，实现种群向全局最优解方向进化。遗传算法求解优化问题的基本步骤包括选择操作、交叉操作、变异操作等[10]。在优化决策过程中其以编码空间替代问题空间，以适应度函数作为种群个体优胜劣汰的依据，以编码群体为进化对象，通过对群体中个体位串的遗传操作实现选择、交叉、变异机制，建立起循环迭代过程，促进种群个体不断进化，逐渐逼近优化问题最优解。

基于标准遗传算法求解配电网故障辨识逻辑优化模型的理论框架为：

步骤 1：以配电网馈线状态为内生变量，以馈线位置为编码顺序，进行遗传算法种群个体编码，在配电网故障定位中采用二进制编码。

步骤 2：以随机方式、混沌生成策略或滤波方式等产生由配电网馈线状态组成的初始种群。

步骤3:以式(3-2)中的目标函数值为基础构建遗传算法适应度函数,并对初始种群中的个体进行适应度计算。

步骤4:按照某种策略对种群中的个体进行选择生成一个子种群作为产生子代的父母,并利用交叉算子、变异算子、选择算子产生新一代种群个体。

步骤5:以式(3-2)中的目标函数值为基础构建遗传算法适应度函数,并对新一代种群中的个体进行适应度计算。

步骤6:按照某种策略将新一代种群中适应度优的种群个体替代初始种群中适应度差的种群个体,形成新一代初始种群。

步骤7:判断算法是否满足终止准则,若不满足则转步骤3。

但理论仿真和工程应用表明,标准遗传算法的迭代过程易于出现早熟收敛,从而使优化问题的解陷入局部最优,而对于配电网故障定位的不利影响在于即便故障辨识模型合理,也会因遗传算法的早熟收敛而导致馈线故障的错判或漏判。此外,遗传算法因交叉概率、变异概率、选择策略的选择不当还将会导致算法的寻优过程太长,因效率低下难以应用于大规模配电网馈线的故障定位问题。为提升遗传算法对配电网馈线故障辨识问题的强适应性,目前学者从建模角度提出了分层分级故障定位模型建模方案,从算法角度提出了多种改进的遗传算法。文献[11]针对标准遗传算法容易出现早熟收敛现象、全局收敛速度慢等问题,提出融入助长算子的改进遗传算法,决策过程中使用助长算子对种群中的个体进行一定概率下的助长,一定程度上削弱了后代个体性能的消极退化现象,使得算法的全局寻优能力大大增强。文献[12]针对遗传算法的早熟收敛问题,引入多种群遗传算法,提出基于多种群遗传算法的含分布式电源配电网故障区段定位方法,采用多个种群对解空间协同搜索,避免算法陷入局部最优,以最优个体保持代数作为收敛条件,充分提高收敛效率。文献[13]对于配电网故障定位中遗传算法存在易早熟、收敛速度慢等问题,提出一种模糊自适应模拟退火遗传算法,在遗传选择时采用自适应机制与最佳个体保留策略,并结合模糊推理与自适应机制求取模糊自适应交叉算子、模糊自适应变异算子,引入模拟退火算法提高收敛速度与局部搜索能力。

3.4.2.2 仿电磁学算法

仿电磁学算法是由美国北卡罗莱纳州立大学博士 Birbil 在 2003 年提出的一种新型全局优化算法。该算法通过模拟电荷间作用力的吸引和排斥机制,采用记忆和反馈机制,实现对优化问题的求解,在求解含有离散变量和非线性约束条件的优化问题时,具有实现方便、效率高的优点。求解过程中,仿电磁学算法首先从可行域中随机产生一组初始种群,并将每个个体看作一个带电粒子,在迭代过程中根据每个粒子的评价函数值计算出其对应的电荷值,其值大小表明粒子与本次迭代中最好粒子的接近程度,电荷值越大表明其与最优粒子越接近,然后根据粒子及其电荷值来描述种群中每个粒子的矢量力大小和性质(吸引力或排斥力),最后通过种群移动模型来产生新一代种群,它是保证算法继续进化和种群多样性的必备条件,其作用类似于遗传算法的交叉和变异算子[14]。

基于仿电磁学算法求解配电网故障辨识逻辑优化模型的理论框架为[14]:

步骤1:以配电网馈线状态为内生变量,以馈线位置为编码顺序,进行种群个体二进制编码,产生0－1描述的初始种群矩阵。

步骤2:找出初始种群中最优粒子$\boldsymbol{X}_{best}$及其对应的以式(3-2)为基础计算的评价函数值$f(\boldsymbol{X}_{best})$。

步骤3:对种群进行局部搜索并找出本次迭代中最优粒子$\boldsymbol{Y}_{best}$及其对应的以式(3-2)为基础计算的评价函数值$f(\boldsymbol{Y}_{best})$,若$f(\boldsymbol{Y}_{best})<f(\boldsymbol{X}_{best})$,则$\boldsymbol{X}_{best}\leftarrow\boldsymbol{Y}_{best}$。

步骤4:判断步骤3是否满足最大的局部搜索次数。如果不满足$j=j+1$,转到步骤3;否则,转到步骤5。

步骤5:根据电荷值和矢量力公式计算种群中所有粒子所受矢量力的值。

步骤6:利用种群进化模型产生新的种群,并找出新种群中最好的粒子$\boldsymbol{Y}_{best}$及其对应的评价函数值$f(\boldsymbol{Y}_{best})$,若$f(\boldsymbol{Y}_{best})<f(\boldsymbol{X}_{best})$,则$\boldsymbol{X}_{best}\leftarrow\boldsymbol{Y}_{best}$。

步骤7:判断是否满足算法最大的迭代次数,若不满足$k=k+1$,转到步骤3;否则,转到步骤8。

步骤8:算法终止,输出最优粒子$\boldsymbol{X}_{best}$及其对应的目标函数值$f(\boldsymbol{X}_{best})$,定位出发生故障的区段。

和遗传算法类似,仿电磁学算法作为随机全局优化算法存在着早熟收敛问题而导致故障区段的错判或漏判,在利用仿电磁学算法求解配电网故障辨识逻辑优化模型时,为保证算法陷入局部最优而产生故障区段误判,文献[14]还对标准仿电磁学算法的初始种群的产生策略、种群进化模型两方面进行了改进。此外,在其他技术领域提出了多种改进的仿电磁学算法,提高了该算法的全局寻优性能。文献[15]中通过在仿电磁学算法中引入被动聚集思想,采用自适应权重、自适应变异和精英策略等措施来改善其全局收敛性。

3.4.2.3 和声算法

和声算法[16]是近几年出现的一种模拟音乐演奏中乐师们记忆过程和对乐器调整过程的启发式全局优化算法,具有时间复杂度小、结构简单、应用范围广的优点。在和声算法中，每个乐器的音符对应于目标函数中的每个变量，音乐演奏的目的是使音乐美妙动听，而优化的目的是使目标函数达到极小值。

基于和声算法求解配电网故障辨识逻辑优化模型的理论框架为[14]：

步骤1：问题和算法参数初始化，包括目标函数、变量集、声记忆库大小（HMS，产生新解时从和声记忆库中保留解分量的概率大小）、解的维数、和声记忆库保留概率（HMCR，产生新解时从和声记忆库中保留解分量的概率大小）、微调扰动概率（PAR，每次对部分解分量进行微调扰动的概率大小）和终止条件等。

步骤2：以配电网馈线状态为内生变量，以馈线位置为编码顺序，随机产生种群个体二进制编码放入和声记忆库中，并依据式(3-2)计算每个解的目标函数值。

步骤3：生成新解。采取保留和声记忆库中的某些解分量、随机产生新的解分量、解的扰动三种机制产生新解。具体方法为选择一个随机数 r_1，若 $r_1 <$ HMCR，则在和声记忆库中选择一个变量，否则在和声记忆库外随机选值。如果在和声记忆库中选值，再选择一个随机数 r_2，若 $r_2 <$ PAR，则对该值进行扰动。对每个变量都按上述规则可构成新解。

步骤4：更新和声记忆库，若新解优于和声记忆库中的最差解，则替换最差解存入和声记忆库。

步骤5：判断是否满足终止条件，若满足，终止循环；否则，重复步骤3和步骤4。

和声算法作为随机全局优化算法在寻优过程中同样因其随机特性而存在收敛速度慢、鲁棒性差的问题，进而导致馈线故障区段的误判和错判，基于标准和声算法提出具有强适应性的改进和声算法是当前研究的一个重要领域。文献[17]中通过采用最优解全重和自适应带宽的应用，提高了和声算法的全局收敛性能。

除以上论述的随机全局优化算法外，蚁群算法、粒子群算法、免疫算法、蝙蝠算法等也已被应用于配电网故障定位领域，其各自都有自己独特的优势，但本质上都属于随机搜索算法范畴。标准算法优化决策时，在求解效率和鲁棒性上都存在着不足。根据随机全局优化算法的“无免费午餐定理”，利用各种算法间的优势互补，合理实现算法间的深度融合，可大幅度地提升该类算法的数值稳定性和优化决策效率。

3.5 配电网馈线故障辨识的代数优化理论

3.5.1 配电网馈线故障辨识代数优化模型建模方案

配电网馈线故障辨识逻辑优化模型建模方案因采用逻辑建模方法，在进行优化模型决策求解时将存在过分依赖随机全局优化算法的缺陷，导致即便在故障辨识模型能够准确描述馈线故障和电流报警信息间逼近关系的前提下，因算法的固有随机性而可能产生馈线故障区段误判问题。解决上述缺陷的可行方法有：①寻求一种更加有效的逻辑优化模型决策算法；②变革逻辑优化建模理论。当前除随机全局优化算法对逻辑优化模型求解外，还可采用枚举法。该方法对于小规模的配电网具有强适应性，但对于大规模的配电网将存在决策求解时的“维数灾”问题，使得在故障定位效率方面难以满足工程应用需求。因此，采用新的建模理论替代逻辑关系建模是克服当前配电网馈线故障辨识最优化技术更加有效的方法。

在此背景下，基于代数关系描述的配电网故障辨识模型的建模方法被提出，其建模思路为：仍然以馈线运行状态作为内生变量，并采用 0/1 二值状态分别表示配电网馈线正常和故障两种运行情况，在此基础上利用代数“ + ”运算或代数“ - ”运算替代逻辑“或”运算或逻辑“与”运算，实现馈线电流状态信息的并联叠加特性描述和开关函数的构建，然后利用绝对值逼近数学模型或二次偏差逼近模型描述真实电流报警信息集与故障馈线所确定的无畸变报警信息集间的逼近关系，从而建立具有 0/1 离散变量和代数关系特征描述的配电网馈线故障辨识代数优化模型。图 3-3 所示为配电网馈线故障辨识代数优化模型的构建步骤。

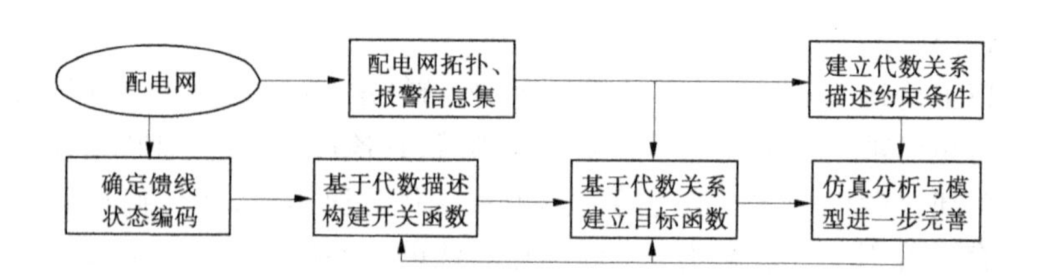

图 3-3　配电网馈线故障辨识代数优化模型的构建步骤

基于代数关系建模理论,可将式(3-2)中的目标函数完全转换为代数描述的函数,所建立的故障辨识模型可为线性整数规划模型、二次规划模型或互补约束优化模型等,能够采用具有强数值稳定性的线性整数规划、非线性规划、内点法等进行决策求解,而且所建立配电网故障辨识代数优化模型若构建合理将具有“凸”的特性和唯一全局最优点,利用常规优化算法可实现馈线故障的准确辨识。尤其是可将具有卓越求解效率的现代内点算法应用于该领域,从而对大规模配电网的馈线故障辨识具有强适应性。

3.5.2 配电网馈线故障辨识代数优化模型求解方案

常规优化方法中涉及的优化方法很多,如线性规划、线性整数规划、非线性规划、互补约束优化、动态规划、内点法等,不同的优化方法适应的场合不同,具体采用何种优化方法需要根据所建模型的结构、变量连续性、约束条件性质和非线性特征等综合进行选择。本书中所构建的配电网故障辨识代数优化模型可等价转换为线性整数规划模型、非线性整数规划模型、互补约束优化模型等,因此可将整数规划、非线性规划、内点法等应用于配电网故障辨识代数优化模型的求解。本书中配电网故障辨识代数关系模型主要涉及线性整数规划模型和非线性规划模型,对于配电网馈线故障线性整数规划模型采用线性整数规划方法决策求解,而对于非线性规划故障辨识模型采用内点法进行决策求解,因此本书主要对上述两类常规优化方法进行概述。

3.5.2.1 线性整数规划

线性整数规划是线性规划问题和整数规划问题的融合。线性规划最早由苏联数学家康托洛维奇于 1939 年在《生产组织与计划的数学方法》一书中提出,其是合理利用、调配资源的一种最早的数学优化方法。1947 年美国学者丹捷格提出了线性规划求解的单纯型法后其理论走上成熟,成为最优化理论的重要技术分支,已广泛地应用于工业、农业、化工、生产调度等工程问题,取得了显著的经济效益。线性规划在本质上就是研究在一组等式约束和不等式约束下使得某一线性目标函数取最大的极致问题。若线性规划中的内生变量的取值为整数,线性规划问题就转换为线性整数规划问题;若内生变量的值只能为 0/1,则其转化为 0/1 线性整数规划问题。而配电网馈线故障辨识的线性整数规划模型就是 0/1 线性整数规划模型,其数学模型的表示形式为

$$
\begin{cases}
\min f(\boldsymbol{I}^*, \boldsymbol{I}, \boldsymbol{X}) = c_1x_1 + c_2x_2 + \cdots + c_nx_n \\
a_{11}x_1 + a_{12}x_2 + \cdots + a_{1n}x_n \leqslant b_1 \\
a_{21}x_1 + a_{22}x_2 + \cdots + a_{2n}x_n \leqslant b_2 \\
\qquad\qquad\vdots \\
a_{m1}x_1 + a_{m2}x_2 + \cdots + a_{mn}x_n \leqslant b_m \\
\boldsymbol{X} = [x_1 \quad x_2 \quad \cdots \quad x_n]^{\mathrm{T}} \\
x_i = 0/1
\end{cases}
\tag{3-3}
$$

对于式(3-3)的线性整数规划问题,早期的求解方法分为枚举法和四舍五入取整法。枚举法主要是基于线性整数规划有限个顶点的前提,然后逐步对每个顶点的目标函数值进行计算与比较,最终总能求出最好的决策方案。四舍五入取整法主要是将线性整数规划问题松弛为线性规划,然后利用单纯型法进行求解,最后利用四舍五入取整法得到决策变量值。枚举法难以应用于大规模问题,否则计算效率无法接受,四舍五入取整法大多情况下难以得到优化问题的最优值。为克服上述两类方法的缺陷,分枝定界法和割平面法被提出,也是目前线性整数规划问题广泛采用的决策求解方法。

分枝定界法在对线性整数规划问题求解时,通过放弃内生整数变量的整数取值的要求后,实现对原优化问题的松弛,然后以其最优值对应的决策变量为分界点形成没有交叉区域的两个优化子问题,再对子问题进行决策求解和分支,通过逐步迭代搜索最终找到原优化问题的最优值。线性整数规划问题分枝定界法的算法步骤为[18]:

步骤 1:求整数规划的松弛问题最优解。

步骤 2:若松弛问题的最优解满足整数要求,得到整数规划的最优解,否则转步骤 3。

步骤 3:任意选一个非整数解的变量 x_i,在松弛问题中加上约束 $x_i \leqslant [x_i]$ 及 $x_i \geqslant [x_i] + 1$ 组成两个新的松弛问题,称为分枝。新的松弛问题具有如下特征:当原问题是求最大值时,目标值是分枝问题的下界;当原问题是求最小值时,目标值是分枝问题的上界。

步骤 4:检查所有分枝的解及目标函数值,若某分枝的解是整数并且目标函数值小于等于(最小化问题)其他分枝的目标值,则将其他分枝剪去不再计算;若还存在非整数解并且目标值小于整数解的目标值,需要继续分枝,再检查,直到得到最优解。

割平面法在对线性整数规划问题求解时,通过一定的策略生成一系列的平面割掉非整数部分,从而得到最优整数解。割平面法的方法有分数割平面法、原始割平面法、对偶整数割平面法等,其中 Gamory 割平面法主要用于纯整数规划问题,与配电网馈线故障辨识的线性整数规划模型具有强适应性。Gamory 割平面法的算法步骤为:

步骤 1:用单纯形法求解相应线性整数规划的线性规划松弛问题,如果该问题没有可行解或最优解已是整数,则停止;否则转步骤 2。

步骤 2:在求解相应的线性规划松弛问题时,首先要将原问题的数学模型进行标准化。"标准化"包含两个含义:第一是通过松弛变量的引入将所有的不等式约束全部转化成等式约束,从而可利用单纯形表对线性规划松弛问题进行计算;第二是将线性整数规划问题中所有非整数系数全部转换成整数系数,用于构造割平面。

步骤 3:将割平面对应的切割不等式添加到线性整数规划的约束条件中,实现对线性规划松弛问题的可行域切割,然后返回步骤 1。

3.5.2.2 内点法

内点法是一种求解线性规划或非线性凸优化问题的多项式时间算法,特适合于大规模连续空间的优化问题决策,其最早由 John von Neumann 利用戈尔丹的线性齐次系统提出,后被 Narendra Karmarkar 于 1984 年推广应用到线性规划,至今在非线性规划领域也得到了广泛应用。配电网馈线故障辨识最优化模型可构建为非线性整数规划问题,依据其变量 0/1 取值的特点,通过互补约束条件可转换为连续空间的非线性互补优化问题,进一步通过等价变换可转换为连续空间满足 KKT 极值条件的非线性规划问题,然后可采用内点法决策求解,对大规模配电网的馈线故障定位问题具有强适应性。内点法目前主要有障碍函数法(路径跟踪内点法)、原对偶内点法、预测校正内点法等。本书主要采用障碍函数法和原对偶内点法对配电网馈线故障辨识优化模型进行决策求解。

障碍函数法就是通过选择一个障碍函数[19],使得不等式约束条件始终得到满足,而优化决策的整个过程均在可行域内执行的非线性最优化方法。理想的障碍函数要满足在没有违反约束时函数值为 0,在违反约束时函数值为正无穷的要求,目前通常采用对数障碍函数。利用对数障碍函数法求解配电网馈线故障辨识最优化模型的基本步骤为:

步骤 1:将含有等式约束和不等式约束的非线性规划问题等价转化为连续空间的互补约束优化问题,进一步转化为非线性规划问题。

步骤 2:给定初始参数值 t,按照一定的计算准则计算中心路径。

步骤3:基于中心路径更新内生变量的值,并判断是否满足算法收敛准则,若满足则算法终止,确定最优目标函数值和内生变量值;否则执行步骤4。

步骤4:按照 $t:=\mu t, t>0$ 的规则更新 t 的初始参数值,转步骤2。

对于大规模的优化问题,障碍函数法所需的迭代次数很少,具有良好的数值稳定性。路径跟踪法处理不等式约束时因无需引入启发式迭代,超过了求解非线性规划模型的牛顿算法,具有更加卓越的计算速度和数值稳定性。

原对偶内点法1989年由Megiddo提出[20],主要是针对线性规划问题提出的,基于其理论Mehrotra于1992年提出了求解线性规划的一个计算机算法,1994年将原对偶内点法理论推广到了凸非线性规划问题决策求解上。至今,对于原对偶内点算法已经取得了丰富的成果,从最早的可行性搜索域要求,发展为不可行原对偶内点算法,更易于实现,且决策效率高,已在电力系统领域获得成功应用。利用不可行原始对偶内点法求解配电网馈线故障辨识最优化模型的基本步骤为[21]:

步骤1:将含有等式约束和不等式约束的非线性规划问题等价转化为连续空间的互补约束优化问题,进一步转化为非线性规划问题,并构造其包含障碍函数的拉格朗日增广函数。

步骤2:初始化原对偶内点算法的相关参数。

步骤3:利用Newton系统得到优化问题的原始对偶方向,并确定原始步长和对偶步长,在此基础上利用迭代法更新内生变量的值,得到优化问题新的决策解。

步骤4:计算优化问题的原始问题和对偶问题之间的互补间隙,判断是否小于预设值,若满足算法终止,确定最优目标函数值和内生变量值;否则执行步骤3。

目前,不可行原始对偶内点法因在整个算法迭代过程中对初始点及其迭代点的可行性无任何要求,只要求所有迭代点位于不可行中心路径的某个邻域内,因此算法实现更加容易,求解效率也非常高,能够满足大规模配电网馈线故障的在线故障定位问题,也是本书采用的一种重要决策求解方法,更加详细的原理和程序实现方法将在后续章节中介绍。

3.6 本章小结

最优化理论是配电网远方控制馈线自动化背景下配电网馈线故障辨识最优化技术的理论基础,本章从约束最优化问题的概念、配电网馈线故障辨识的最优化问题、配电网馈线故障辨识的逻辑优化理论、配电网馈线故障辨识的代数优化理论等四个方面的内容进行介绍，主要内容可概括为：

(1)简要阐述了约束优化问题的数学模型、决策解的改建及最优化问题建模分析的基本步骤。

(2)简要介绍了配电网故障辨识最优化问题，并分析了其故障辨识优化模型的通用表达形式。

(3)简要介绍了配电网馈线故障辨识的逻辑优化建模方案，并针对其群体智能决策方法进行了概括总结，分析了该类建模方案的优缺点及其应用范围。

(4)简要介绍了配电网馈线故障辨识的代数优化建模方案，并针对其内点法决策方法进行了概括总结，分析了该类建模方案的优势及其应用前景。

参考文献

[1] 钱颂迪. 运筹学[M]. 北京：清华大学出版社，1990.

[2] 杜红卫，孙雅明，刘弘靖，等. 基于遗传算法的配电网故障定位和隔离[J]. 电网技术，2000，25(5)：52-55.

[3] 卫志农，何桦，郑玉平. 配电网故障区间定位的高级遗传算法[J]. 中国电机工程学报，2002，22(4)：127-130.

[4] 郭壮志，陈波，刘灿萍，等. 基于遗传算法的配电网故障定位[J]. 电网技术，2007，31(11)：88-92.

[5] 陈歆技，丁同奎，张钊. 蚁群算法在配电网故障定位中的应用[J]. 电力系统自动化，2006，30(5)：74-77.

[6] 郭壮志，吴杰康. 配电网故障区间定位的仿电磁学算法[J]. 中国电机工程学报，2010，30(13)：34-40.

[7] 郑涛，潘玉美，郭昆亚，等. 基于免疫算法的配电网故障定位方法研究[J]. 电力系统继电保护与控制，2014，42(1)：77-83.

[8] 付家才，陆青松. 基于蝙蝠算法的配电网故障区间定位[J]. 电力系统继电保护与控制，2015，43(16)：100-105.

[9] 刘蓓，汪沨，陈春，等. 和声算法在含 DG 配电网故障定位中的应用[J]. 电工技术学报，2013，28(5)：280-286.

[10] 赵改善. 求解非线性最优化问题的遗传算法[J]. 地球物理学进展，1992，7(1)：90-97.

[11] 严太山，崔杜武，陶永芹. 基于改进遗传算法的配电网故障定位[J]. 高电压技术，2009，35(2)：255-259.

[12] 刘鹏程,李新利.基于多种群遗传算法的含分布式电源的配电网故障区段定位算法[J].电力系统保护与控制,2016,44(2):36-41.

[13] 徐密,孙莹,李可军,等.基于模糊自适应模拟退火遗传算法的配电网故障定位[J].电测与仪表, 2016,53(17):43-48.

[14] 郭壮志,吴杰康.配电网故障区间定位的仿电磁学算法[J].中国电机工程学报,2010,30(13):34-40.

[15] 付锦,周步祥,王学友.改进仿电磁学算法在多目标电网规划中的应用[J].电网技术,2012,36(2):141-146.

[16] 刘蓓,汪沨,陈春, 等.和声算法在含 DG 配电网故障定位中的应用[J].电工技术学报,2013,28(5): 280-286.

[17] 黄帅,马良.改进和声搜索算法求解一般整数规划问题[J].计算机工程与应用,2014,50(3): 250-255.

[18] 熊伟.运筹学[M].3 版.北京:机械工业出版社,2014.

[19] Stephen Boyd. Convex Optimization[M]. New York:Cambridge University Press,2004.

[20] N. Megiddo. Pathways to the Optimal Set in Linear Programming[M]. New York: Springer-Verlag, Inc,1989.

[21] 姜志霞.数学规划中的原始对偶内点方法[D].吉林:吉林大学出版社,2008.

第4章 配电网馈线故障辨识的模式搜索算法

4.1 引 言

大量智能化终端设备FTU在动态获取配电网的过电流报警信息时,受恶劣电气、电磁干扰等不利因素影响,实时信息中经常出现信息误传或漏传情况,因此研究高容错性配电网故障定位方法具有重要意义。基于图论知识的中的统一矩阵算法在进行配电网馈线故障定位时,具有原理简单、实现便捷、速度快的优点,但其不足之处在于其采用的故障定位信息仅为线路元件两端分段开关的信息,属于局部搜索算法,当故障定位信息发生畸变时,容易出现故障错判或漏判等问题。因此,近年来基于群体优化技术的配电网馈线故障定位优化方法被提出。理论和实践表明:配电网馈线故障辨识的群体优化方法只要构建的模型能够有效反映配电网拓扑信息,进行故障定位时将具有较高的容错性能。

文献[1]基于遗传算法首次建立配电网故障定位的数学模型。但该模型并不完善,在进行故障定位时,即使信息不发生畸变,也可能出现误判现象。文献[2]建立了一种更适合配电网的数学模型,不仅可以避免误判,准确定位故障点,而且具有更强的容错性能,不足之处在于环网开环运行且发生多配电网故障时,需要进行多次故障定位。文献[3]根据蚁群算法的正反馈机制、分布式计算和贪婪启发式搜索的特点,建立基于蚁群算法的配电网故障定位方法,并采用分级处理思想来提高算法效率。文献[4]建立一种新型的遗传算法配电网故障数学模型,但该模型具有实现起来相对复杂的缺点。文献[5]在文献[4]基础上建立了环网开环运行配电网的故障定位统一数学模型,能够同时进行多个区段的故障定位,同时采用广义分级处理思想来提高算法的效率。文献[6-7]沿用文献[1-5]的建模思路,将免疫算法、蝙蝠算法应用于定位模型的求解。文献[8]构建了考虑分布式电源接入的配电网故障定位模型,其本质上通过规定功率流单一正方向,从而等价于辐射状配电网故障定位问题,然后采用文献[1-7]的建模思路建模,并将新型群体智能算法——

和声算法用于故障定位模型求解。文献[9]提出基于仿电磁学算法的高容错性配电网故障定位方法。

群体智能方法的优势在于采用逻辑建模,可有效反映具有耦合节点配电网的多重故障时故障状态信息的并联叠加特性,但因采用遗传算法、仿电磁学算法等随机搜索全局优化算法,因算法的随机性会导致故障误判情况,而逻辑优化模型中因逻辑优化算子的存在,导致不能采用数值稳定性较好的梯度算法进行决策求解。

因此,采用一种具有良好数值稳定性的直接搜索算法对配电网故障定位的逻辑优化模型进行求解,成为克服上述群体智能算法随机性缺点的一种可行方法。直接搜索是一种求解优化问题的方法,不需要任何有关目标函数梯度的信息,与使用梯度或更高导数信息搜索最优点的传统优化方法不同,直接搜索算法搜索当前点周围的一组点,寻找目标函数值低于当前点值的点,其通过直接搜索来解决目标函数不可微或甚至不连续的问题。

模式搜索算法是一种最具代表性的直接搜索算法,其无需梯度信息,决策求解过程不存在随机性,且随着该技术的发展,能够直接应用于含约束的优化问题。

本章将对模式搜索方法的故障定位原理进行系统的阐述,并和基于群体智能优化的配电网故障定位方法进行比较,验证其进行故障定位时在数值稳定性方面的优越性。

4.2 基于模式搜索的配电网馈线故障辨识原理

和群体智能算法一样,利用模式搜索算法进行配电网故障区段定位时,也是一种间接方法,基本原理就是通过开关函数所确定馈线区段故障状态信息的逻辑值对 FTU 上传的电流越限信息的逻辑值进行逼近,从而确定出馈线发生故障的真正区段[1-9]。利用模式搜索算法来实现故障区段定位的数学模型本质上是一个具有 0－1 离散约束条件及逻辑求值的最优化问题,其数学模型为

$$\begin{cases} \min f(\boldsymbol{X}) \\ \text{s.t.}\ x_i = 0 \text{ or } 1 \\ \boldsymbol{X} \in \boldsymbol{R}^n \\ i = 0,1,2,\cdots,n \end{cases} \tag{4-1}$$

式中,n 为参数变量的维数;x_i 为第 i 维变量的取值。

由此可见,式(4-1)是一个含有逻辑求解及其 0 - 1 离散变量的优化数学模型,采用普通的优化算法难以求解,利用群体智能优化方法将具有随机性,可能因算法原因产生错判或漏判。采用该模型及模式搜索算法来实现配电网故障准确定位的关键在于变量编码的释义、开关函数的确定、目标函数 $f(\cdot)$ 的构造,以下从这几方面进行详细阐述。

4.2.1 参数确定与编码

采用模式搜索算法来进行配电网故障定位时,需要依靠 FTU 所采集的自动化装置的过流信息,而故障定位过程就是通过优化使目标函数达到最小化,使得以故障区段确定的过流信息与 FTU 上传的电流越限报警信息获得最佳逼近的过程,最终判断出发生故障的馈线区段。因此,应以进线断路器、分段开关、联络开关为节点,以相邻开关之间的配电区域作为独立设备,各设备的状态即为式(4-1)的优化参数,也就是配电网故障定位逻辑优化模型中的决策变量。

在基于模式搜索算法的优化模型中,参数采用 0 - 1 编码的方法,其取值只能为 0 或 1,并代表独立设备的状态信息,其关键之处在于编码的含义,即代表是故障还是非故障。配电网中设备的具体状态有 2 种,即正常状态和故障状态,本章采用数字 1 表示设备故障,数字 0 表示设备正常。假定对具有 9 个馈线区段的单电源辐射型配电网的故障定位最终结果为[0 0 0 0 0 0 1 0 0],则表示故障发生在第 7 个馈线区段。

4.2.2 开关函数

开关函数的构建是确定故障定位优化数学模型中目标函数的前提和基础,它反映的是设备信息和 FTU 等自动化终端设备上传的电流越限信号之间的相互关系,是对配电网网络物理拓扑的数学模拟,其模型是否能够正确反映这种物理对应关系,直接影响到故障定位结果的准确性。

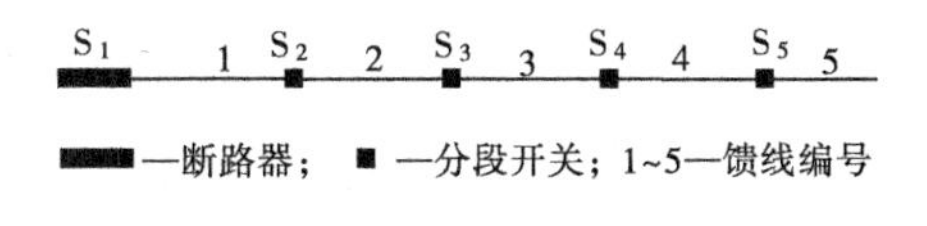

图 4-1 单电源辐射型配电网

根据参考文献[1,2]的建立方法,以图 4-1 所示 5 个节点的单电源辐射型配电网为例,所建立的开关函数数学模型为

$$I_{S_1}(X) = x(1) \vee x(2) \vee x(3) \vee x(4) \vee x(5) \tag{4-2}$$

$$I_{S_2}(X) = x(2) \vee x(3) \vee x(4) \vee x(5) \tag{4-3}$$

$$I_{S_3}(X) = x(3) \vee x(4) \vee x(5) \tag{4-4}$$

$$I_{S_4}(X) = x(4) \vee x(5) \tag{4-5}$$

$$I_{S_5}(X) = x(5) \tag{4-6}$$

在式(4-2)~式(4-6)中，$x(1) \sim x(5)$ 为设备(馈线区段)的状态信息，为0或1；$I_{S_1}(X) \sim I_{S_5}(X)$ 为对应自动化设备的开关函数。$\vee$ 表示逻辑或。开关函数 $I_{S_1}(X)$ 的含义为断路器 S_1 的电流越限信号和5个区段的馈线状态有直接关系，其他的开关函数含义的解释方法相同。

4.2.3 单电源辐射型配电网故障定位的目标函数

开关函数是构建准确目标函数的前提和基础，而目标函数的准确性最终影响优化模型能否正确的定位出配电网发生故障的区段，因此如何协调开关函数和FTU上传的电流越限信息，决定着判定结果的准确程度。由上所述，利用模式搜索算法实现配电网故障区段定位的过程，就是开关函数和电流越限信号的最佳逼近过程。以图4-1为基础，根据文献[1]的模型构建方法，所建立的目标函数为

$$f(X) = \sum_{j=1}^{5} | I_j - I_{Sj}(x) | \tag{4-7}$$

由文献[2-5]的分析可知，该模型并不完善，即便电流越限信息没有发生畸变，也可能出现误判现象。文献[2-5]对上述模型进行了改进，避免了误判的可能性，但是文献[3-5]的改进方法过于复杂，而文献[2]的模型构建方法则简单、直观、容错性能好。因此，本章采用文献[2]的建模方法，构造的改进目标函数为

$$f(X) = \sum_{j=1}^{5} | I_j - I_{Sj}(X) | + \omega \sum_{j=1}^{5} | x(j) | \tag{4-8}$$

其中，I_j为第 j 个分段开关的故障电流越限信号，有越限时为1，否则为0；$x(j)$ 为第 j 个馈线区段的状态信息，有故障时为1，无故障时为0；$I_{Sj}(X)$ 为设备状态信息确定的第 j 个分段开关的故障电流越限的期望值函数，称其为开关函数；ω 为避免误判错判的存在而取的权重系数，其范围为0~1，但其值不能为0或1，否则将出现误判，在本章中权重系数取为0.8。

4.2.4　环网开环运行的配电网故障定位的数学模型

文献[1－3]的配电网故障定位方法主要适用于单电源辐射型的配电网和规定正方向的多电源并列运行的配电网。对环网开环运行的配电网进行故障定位时，需要采取区域划分的思想，其具体的方法为：以配电网中各联络开关为分界限，以进线断路器为一个独立配电区域的标志，将配电网化为多个单电源辐射型的配电网络。按上述故障定位方法分别对各个配电区域进行故障定位。基于分区域划分的思想进行故障定位时，若配电网同时存在多个馈线区段故障，将存在时间的缺陷[5]。

图4-2所示为一个简单的双电源环网开环运行配电网，根据文献[2]单电源辐射型配电网故障定位数学模型的优点，以本章作者前面的研究作为基础[5]，采用故障诊断的最小集理论和配电区域的统一标号思想（联络开关不参与统一标号），将多个配电独立区域统一于一个故障定位数学模型中。以图4-2所示的配电网为例，假定第 i 个馈线区段的状态信息为 $x(i)$，I_j 为第 j 个分段开关的故障电流越限信号，$I_{S_j}(X)$ 为设备状态信息确定的第 j 个分段开关的开关函数，所建立的环网开环运行配电网的故障定位统一数学模型为

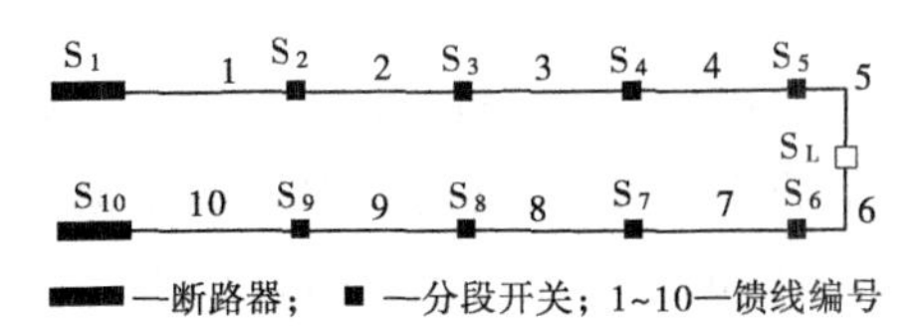

图4-2　双电源环网开环运行配电网

开关函数：

$$I_{S_1}(X) = x(1) \vee x(2) \vee x(3) \vee x(4) \vee x(5) \tag{4-9}$$

$$I_{S_2}(X) = x(2) \vee x(3) \vee x(4) \vee x(5) \tag{4-10}$$

$$I_{S_3}(X) = x(3) \vee x(4) \vee x(5) \tag{4-11}$$

$$I_{S_4}(X) = x(4) \vee x(5) \tag{4-12}$$

$$I_{S_5}(X) = x(5) \tag{4-13}$$

$$I_{S_6}(X) = x(6) \tag{4-14}$$

$$I_{S_7}(X) = x(6) \vee x(7) \tag{4-15}$$

$$I_{S_8}(X) = x(6) \vee x(7) \vee x(8) \tag{4-16}$$

$$I_{S_9}(X) = x(6) \vee x(7) \vee x(8) \vee x(9) \tag{4-17}$$

$$I_{S_{10}}(X) = x(6) \vee x(7) \vee x(8) \vee x(9) \vee x(10) \tag{4-18}$$

目标函数：

$$f(X) = \sum_{j=1}^{10} | I_j - I_{Sj}(X) | + \omega \sum_{j=1}^{10} | x(j) | \qquad (4\text{-}19)$$

与文献[5]所建立的故障定位统一数学模型相比，不论是在开关函数的形式上还是在目标函数的构建上，都要简便得多，同时，该模型还克服了文献[5]只能够解决独立区域单一故障的准确定位问题，可以有效解决配电区域的复故障定位问题。

由于配电网故障定位数学模型的特殊性（具有 0－1 约束和逻辑求解），而模式搜索算法不能够直接应用于进行逻辑变量的搜索，需要对配电网故障定位模型附加互补约束条件 $X(1-X)=0$，因此契合于模式搜索的配电网故障定位模型可表示为

$$\begin{cases} \min f(X) \\ \text{s.t. } X(1-X) = 0 \end{cases} \qquad (4\text{-}20)$$

4.3 基于模式搜索算法的配电网故障区段定位方法有效性

模式搜索算法技术已逐步成熟，Matlab 中具有模式搜索工具箱，因此在此不讨论模式搜索算法的原理和改进，仅通过 Matlab 中模式搜索工具箱实现对故障定位模型的求解，来验证其故障定位时的有效性。

4.3.1 19 节点配电网算例

图 4-3 所示是一个典型的 3 电源环网开环运行配电网的简化图，图中有 3 个断路器、2 个联络开关、16 个分段开关，19 条馈线对应 19 个定位区段。由文中所述，以断路器为标志，以联络开关为界线可以分为 3 个独立配电区域。针对独立配电区域的详细的仿真情况在文献[4,5]中已经有详细阐述，本部分主要针对建立的新型环网开环运行配电网故障定位统一数学模型进行仿真，来验证模型的正确性和高容错性能，同时将本章提出的算法和遗传算法的结果及效率进行比较，验证该算法的优越性。

4.3.2 模式搜索算法故障定位有效性

4.3.2.1 故障定位数学模型

由于图 4-3 中的配电网含有耦合节点，配电网结构具有特殊性，因此在这

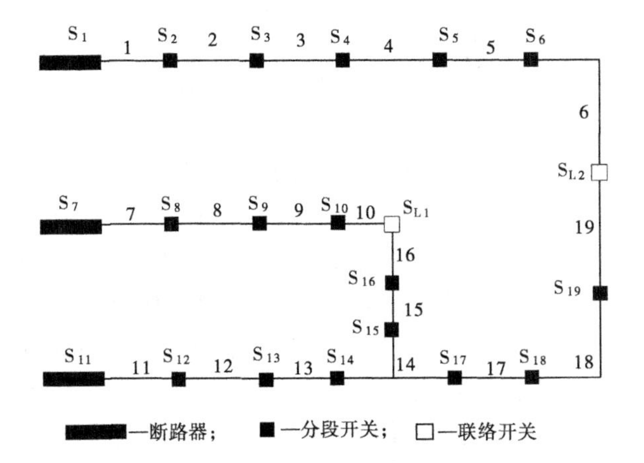

图 4-3　3 电源环网开环运行配电网

里对该配电网进行重新建模,所建立的开关函数模型为

$$I_{S_1}(x) = x(1) \vee x(2) \vee x(3) \vee x(4) \vee x(5) \vee x(6)$$

$$I_{S_2}(x) = x(2) \vee x(3) \vee x(4) \vee x(5) \vee x(6)$$

$$I_{S_3}(x) = x(3) \vee x(4) \vee x(5) \vee x(6)$$

$$I_{S_4}(x) = (4) \vee x(5) \vee x(6)$$

$$I_{S_5}(x) = x(5) \vee x(6)$$

$$I_{S_6}(x) = x(6)$$

$$I_{S_7}(x) = x(7) \vee x(8) \vee x(9) \vee x(10)$$

$$I_{S_8}(x) = x(8) \vee x(9) \vee x(10)$$

$$I_{S_9}(x) = x(9) \vee x(10)$$

$$I_{S_{10}}(x) = x(10)$$

$$I_{S_{11}}(x) = x(11) \vee x(12) \vee x(13) \vee x(14) \vee x(15) \vee x(16) \vee x(17) \vee x(18) \vee x(19)$$

$$I_{S_{12}}(x) = x(12) \vee x(13) \vee x(14) \vee x(15) \vee x(16) \vee x(17) \vee x(18) \vee x(19)$$

$$I_{S_{13}}(x) = x(13) \vee x(14) \vee x(15) \vee x(16) \vee x(17) \vee x(18) \vee x(19)$$

$$I_{S_{14}}(x) = x(14) \vee x(15) \vee x(16) \vee x(17) \vee x(18) \vee x(19)$$

$$I_{S_{15}}(x) = x(15) \vee x(16)$$

$$I_{S_{16}}(x) = x(16)$$

$$I_{S_{17}}(x) = x(17) \vee x(18) \vee x(19)$$

$$I_{S_{18}}(x) = x(18) \vee x(19)$$

$$I_{S_{19}}(x) = x(19)$$

根据环网开环运行配电网的建模方法所构建的目标函数为

$$f(X) = \sum_{j=1}^{19} | I_j - I_{Sj}(X) | + 0.8 \sum_{j=1}^{19} | x(j) |$$

4.3.2.2 仿真结果与比较

针对有信息畸变和无信息畸变两种情况进行仿真,鉴于故障的情形较多,仅将两种仿真情形的结果列于表中:①无信息畸变情况三重故障;②有 1 位信息畸变情况下四重故障。本章中四重故障指的是具有耦合节点的独立配电区域共有四个区段发生故障,假定图 4-3 中区段 6、10、16、19 同时发生故障,无信息畸变时的最优目标函数值为 3.2,有 1 位信息畸变时的最优目标函数值为 4.2。将采用模式搜索算法的结果和遗传算法的结果进行比较。表 4-1 为遗传算法的故障定位仿真结果;图 4-4 为遗传算法故障定位误判结果。

表 4-1 遗传算法的故障定位仿真结果

种群个数	最小/最大迭代次数	试验次数	正确次数	正确率
20	55/89	20	18	90%
30	50/92	20	19	95%
40	45/90	20	19	95%
50	45/162	20	19	95%

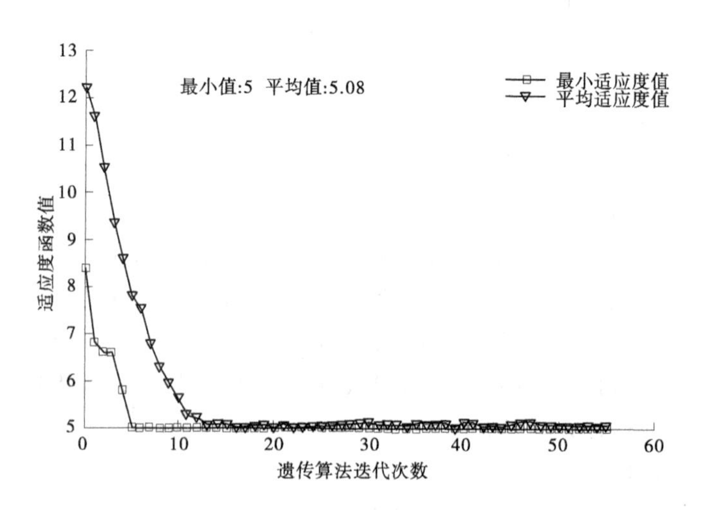

图 4-4 遗传算法故障定位误判结果

由表 4-1 的故障定位结果可以看出,利用遗传算法进行配电网故障定位逻辑优化模型决策求解时,因算法的随机性,存在着因算法而导致的误判情况;由图 4-4 可以看出遗传算法出现过早收敛情况,其对应的目标函数值为 5,比最佳目标函数值大,最终导致馈线故障区段误判情况的发生。此外,其遗传算法收敛时,算法的最小迭代次数为 45,最大迭代次数达到 162,所需的时间相对较长,所选配电网仅有 19 个节点,若其节点数显著增加,所需要的时间会更长,而随着变量个数的增加其因算法的随机性所导致的误判率也将增加。

表 4-2 为模式搜索算法的故障定位仿真结果。由表 4-2 的故障定位结果可以看出,利用模式搜索算法进行配电网故障定位逻辑优化模型决策求解时,只需要一个初始点,且算法不存在随机性。在相同的初始点情况下,算法终止时的迭代次数完全相同,可完全准确地辨识出馈线故障区段位置。模式搜索算法终止时,其迭代次数少,针对 19 节点配电网算例,找到馈线故障区段时其最大迭代次数仅为 3。与遗传算法相比不仅在数值稳定上具有优势,其在故障定位辨识效率上同样具有显著优越性。图 4-5 模式搜索算法结果进一步表明其用于配电网故障区段定位时是可行有效的。

表 4-2　模式搜索算法的故障定位仿真结果

初始点	最小/最大迭代次数	试验次数	正确次数	正确率
$X=1$	3/3	20	20	100%
$X=0.5$	2/2	20	20	100%
$X=0$	3/3	20	20	100%

4.3.3　33 节点配电网区段的故障定位

为验证模式搜索算法的应用局限性和优越性,采取工程 33 节点配电网算例进行仿真。图 4-6 为 33 节点工程测试用辐射型配电网[10]。在 Matlab 模式搜索工具箱中可选参数有轮询方法参数(polling method)、轮询顺序(polling order)、初始网格值(mesh initial size)、网格加速器(mesh accelerator)、搜索方法(search method)等。下面针对上述参数变化对配电网故障区段定位效率的影响进行分析。

33 节点配电网包含 33 条馈线,因此其故障定位模型的变量数为 33,故障定位的逻辑优化模型为

$$I_{S_1}(x) = x(1) \vee x(2) \vee x(3) \vee x(4) \vee x(5) \vee x(6) \vee x(7) \vee x(8)$$

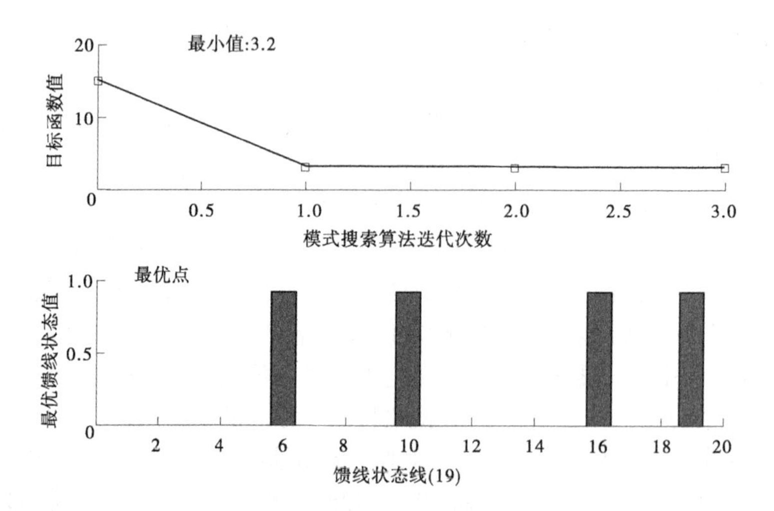

图 4-5　模式搜索算法结果

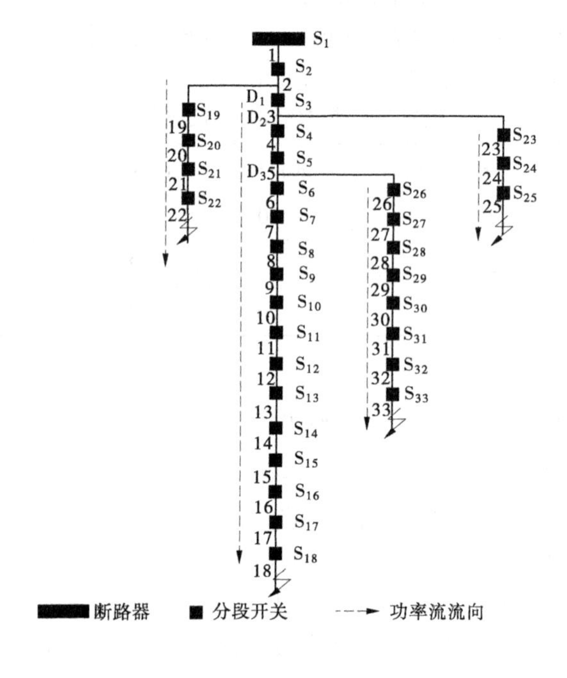

图 4-6　33 节点工程测试用辐射型配电网

$\vee x(9) \vee x(10) \vee x(11) \vee x(12) \vee x(13) \vee x(14) \vee x(15) \vee x(16) \vee x(17) \vee x(18) \vee x(19) \vee x(20) \vee$

$x(21) \vee x(22) \vee x(23) \vee x(24) \vee x(25) \vee x(26) \vee x(27) \vee x(28) \vee x(29) \vee x(30) \vee x(31) \vee x(32) \vee x(33)$

$I_{S_2}(x) = x(2) \vee x(3) \vee x(4) \vee x(5) \vee x(6) \vee x(7) \vee x(8) \vee x(9) \vee x(10) \vee x(11) \vee x(12) \vee x(13) \vee x(14) \vee x(15) \vee x(16) \vee x(17) \vee x(18) \vee x(19) \vee x(20) \vee x(21) \vee x(22) \vee x(23) \vee x(24) \vee x(25) \vee x(26) \vee x(27) \vee x(28) \vee x(29) \vee x(30) \vee x(31) \vee x(32) \vee x(33)$

$I_{S_3}(x) = x(3) \vee x(4) \vee x(5) \vee x(6) \vee x(7) \vee x(8) \vee x(9) \vee x(10) \vee x(11) \vee x(12) \vee x(13) \vee x(14) \vee x(15) \vee x(16) \vee x(17) \vee x(18) \vee x(23) \vee x(24) \vee x(25) \vee x(26) \vee x(27) \vee x(28) \vee x(29) \vee x(30) \vee x(31) \vee x(32) \vee x(33)$

$I_{S_4}(x) = x(4) \vee x(5) \vee x(6) \vee x(7) \vee x(8) \vee x(9) \vee x(10) \vee x(11) \vee x(12) \vee x(13) \vee x(14) \vee x(15) \vee x(16) \vee x(17) \vee x(18) \vee x(26) \vee x(27) \vee x(28) \vee x(29) \vee x(30) \vee x(31) \vee x(32) \vee x(33)$

$I_{S_5}(x) = x(5) \vee x(6) \vee x(7) \vee x(8) \vee x(9) \vee x(10) \vee x(11) \vee x(12) \vee x(13) \vee x(14) \vee x(15) \vee x(16) \vee x(17) \vee x(18) \vee x(26) \vee x(27) \vee x(28) \vee x(29) \vee x(30) \vee x(31) \vee x(32) \vee x(33)$

$I_{S_6}(x) = x(6) \vee x(7) \vee x(8) \vee x(9) \vee x(10) \vee x(11) \vee x(12) \vee x(13) \vee x(14) \vee x(15) \vee x(16) \vee x(17) \vee x(18)$

$I_{S_7}(x) = x(7) \vee x(8) \vee x(9) \vee x(10) \vee x(11) \vee x(12) \vee x(13) \vee x(14) \vee x(15) \vee x(16) \vee x(17) \vee x(18)$

$I_{S_8}(x) = x(8) \vee x(9) \vee x(10) \vee x(11) \vee x(12) \vee x(13) \vee x(14) \vee x(15) \vee x(16) \vee x(17) \vee x(18)$

$I_{S_9}(x) = x(9) \vee x(10) \vee x(11) \vee x(12) \vee x(13) \vee x(14) \vee x(15) \vee x(16) \vee x(17) \vee x(18)$

$I_{S_{10}}(x) = x(10) \vee x(11) \vee x(12) \vee x(13) \vee x(14) \vee x(15) \vee x(16) \vee x(17) \vee x(18)$

$I_{S_{11}}(x) = x(11) \vee x(12) \vee x(13) \vee x(14) \vee x(15) \vee x(16) \vee x(17) \vee x(18)$

$I_{S_{12}}(x) = x(12) \vee x(13) \vee x(14) \vee x(15) \vee x(16) \vee x(17) \vee x(18)$

$I_{S_{13}}(x) = x(13) \vee x(14) \vee x(15) \vee x(16) \vee x(17) \vee x(18)$

$I_{S_{14}}(x) = x(14) \vee x(15) \vee x(16) \vee x(17) \vee x(18)$

$I_{S_{15}}(x) = x(15) \vee x(16) \vee x(17) \vee x(18)$

$I_{S_{16}}(x) = x(16) \vee x(17) \vee x(18)$

$I_{S_{17}}(x) = x(17) \vee x(18)$

$I_{S_{18}}(x) = x(18)$

$I_{S_{19}}(x) = x(19) \vee x(20) \vee x(21) \vee x(22)$

$I_{S_{20}}(x) = x(20) \vee x(21) \vee x(22)$

$I_{S_{21}}(x) = x(21) \vee x(22)$

$I_{S_{22}}(x) = x(22)$

$I_{S_{23}}(x) = x(23) \vee x(24) \vee x(25)$

$I_{S_{24}}(x) = x(24) \vee x(25)$

$I_{S_{25}}(x) = x(25)$

$I_{S_{26}}(x) = x(26) \vee x(27) \vee x(28) \vee x(29) \vee x(30) \vee x(31) \vee x(32) \vee x(33)$

$I_{S_{27}}(x) = x(27) \vee x(28) \vee x(29) \vee x(30) \vee x(31) \vee x(32) \vee x(33)$

$I_{S_{28}}(x) = x(28) \vee x(29) \vee x(30) \vee x(31) \vee x(32) \vee x(33)$

$I_{S_{29}}(x) = x(29) \vee x(30) \vee x(31) \vee x(32) \vee x(33)$

$I_{S_{30}}(x) = x(30) \vee x(31) \vee x(32) \vee x(33)$

$I_{S_{31}}(x) = x(31) \vee x(32) \vee x(33)$

$I_{S_{32}}(x) = x(32) \vee x(33)$

$I_{S_{33}}(x) = x(33)$

根据辐射型配电网的故障定位模型的建模方法所构建的目标函数为

$$f(X) = \sum_{j=1}^{33} | I_{S_j}(X) - I_{S_j} | + 0.8 \sum_{j=1}^{33} | x(j) | \tag{4-21}$$

因模式搜索算法的参数较多,其排列组合数情形也多,难以一一进行验证,因此,针对 Matlab 默认参数每次只改变一个参变量。在 Matlab 模式搜索工具箱中可选参数有轮询方法参数(polling method)、轮询顺序(polling order)、初始网格值(mesh initial size)、网格加速器(mesh accelerator)、搜索方法(search method)等,通过仿真表明其轮询方法对模式搜索算法的综合性能影响最大。下面针对上述轮询方法参数的变化对配电网故障区段定位效率的影响进行分析。表 4-3 为模式搜索算法不同参数下的故障定位结果。

表 4-3　模式搜索算法不同参数下的故障定位结果

初始点	最小/最大迭代次数	轮询方法	目标函数总评价次数	试验次数	正确次数	正确率
$X=1$	1/1	GPS Positive basis 2N	498	20	20	100%
	1/1	GPS Positive basis 2Np1	557	20	20	100%
	1/1	GSS Positive basis 2N	2	20	0	0
	1/1	GSS Positive basis Np1	2	20	0	0
	1/1	MADS Positive basis 2N	784	20	20	100%
	3/3	MADS Positive basis Np1	56 875	20	20	100%
$X=0.5$	1/1	GPS Positive basis 2N	2	20	0	0
	1/1	GPS Positive basis 2Np1	2	20	0	0
	1/1	GSS Positive basis 2N	2	20	0	0
	1/1	GSS Positive basis Np1	2	20	0	0
	1/1	MADS Positive basis 2N	2	20	0	0
	2/2	MADS Positive basis Np1	39 895	20	20	0
$X=0$	1/1	GPS Positive basis 2N	531	20	20	100%
	1/1	GPS Positive basis 2Np1	656	20	20	100%
	1/1	GSS Positive basis 2N	2	20	0	0
	1/1	GSS Positive basis Np1	2	20	0	0
	1/1	MADS Positive basis 2N	747	20	20	100%
	2/2	MADS Positive basis Np1	55 780	20	20	100%

由表 4-3 的仿真结果可知,模式搜索算法不是任何时候都是有效的,在进行 33 节点配电网馈线故障定位时,其故障定位的准确性依赖于轮询方法的选择和初始点的选取。依据表 4-3 可知,GPS Positive basis 2N 的轮询方法是最有效的,只要初始点按照全为 0 或者全为 1 开始,均可正确地找到配电网馈线故障区段。将初始点设置为全为 0 或全为 1 时,其非线性约束都可得到满足,即初始点为可行点。通过仿真表明,除上述初始点选择方法外,其余的初始可行点也可使模式搜索算法在采用 GPS Positive basis 2N 的轮询方法时具有较

好的寻优性能,在此情况下应用模式搜索进行配电网馈线故障定位是可行的,能够实现配电网故障的高准确定位,不管是否存在信息畸变,模式搜索算法均可准确地辨识出馈线故障区段位置,而对于仿电磁学算法和遗传算法,因为算法的固有随机性,均存在着误判情况。因此,模式搜索算法在配电网故障定位容错性能和数值稳定性方面,具有明显优势。

4.4 本章小结

基于逻辑建模的配电网故障定位优化模型,因采用逼近关系理论进行优化建模,只要构建的模型能够有效反映配电网拓扑信息和过电流信号间的耦合关联关系,进行故障定位时将具有较高的容错性能,且通用性强、实现便捷,能够有效实现单一故障和多重故障的准确辨识。围绕着基于逻辑建模的配电网馈线故障辨识模式搜索算法的参数编码、开关函数、优化目标等方面,本章主要做了以下工作:

(1) 详细阐述了基于模式搜索算法的配电网馈线故障定位的基本原理,以单一故障为前提将等式约束条件隐含于适应度函数中,基于模式搜索算法建立了一个具有高容错性的配电网故障定位的数学模型。

(2)详细阐述了环网开环运行配电网故障定位统一数学模型的构建方法及基于模式搜索算法的求解。并通过和遗传算法进行比较,表明模式搜索算法具有好的数值稳定性,可应用于较小规模的配电网馈线故障区段的辨识。

(3)轮询方法的选取对模式搜索算法进行故障定位的有效性较大,其中只要初始点为可行点,采用 GPS Positive basis 2N 的轮询方法时模式搜索算法的综合性能最佳,且应用于小规模配电网的馈线故障定位是可行的。

参考文献

[1] 杜红卫,孙雅明,刘弘靖,等. 基于遗传算法的配电网故障定位和隔离[J]. 电网技术,2000,25(5):52-55.

[2] 卫志农,何桦,郑玉平. 配电网故障区间定位的高级遗传算法[J]. 中国电机工程学报,2002,22(4):127-130.

[3] 陈歆技,丁同奎,张钊. 蚁群算法在配电网故障定位中的应用[J]. 电力系统自动化,2006,30(5):74-77.

[4] 郭壮志,陈波,刘灿萍,等. 潜在等式约束的配电网遗传算法故障定位[J]. 现代电力,2007,24(3):24-28.

[5] 郭壮志,陈波,刘灿萍,等. 基于遗传算法的配电网故障定位[J]. 电网技术,2007,31(11):88-92.

[6] 郑涛,潘玉美,郭昆亚,等. 基于免疫算法的配电网故障定位方法研究[J]. 电力系统继电保护与控制,2014,42(1):77-83.

[7] 付家才,陆青松. 基于蝙蝠算法的配电网故障区间定位[J]. 电力系统继电保护与控制,2015,43(16):100-105.

[8] 刘蓓,汪沨,陈春,等. 和声算法在含 DG 配电网故障定位中的应用[J]. 电工技术学报,2013,28(5):280-286.

[9] 郭壮志,吴杰康. 配电网故障区间定位的仿电磁学算法[J]. 中国电机工程学报,2010,30(13):34-40.

[10] Islam F R, Prakash K., Mamun K A, et al. Aromatic Network: A Novel Structure for Power Distribution System[J]. IEEE Access, 2017(5): 25236-25257.

第5章 配电网馈线故障辨识的整数规划模型和线性整数规划算法

5.1 引 言

依据第4章配电网馈线故障辨识的群体优化技术相关理论描述可以看出,以群体智能算法为基础的配电网故障定位方法已取得了大量成果,但是通过分析不难看出,该类型方法的建模思想主要是基于故障诊断最小集理论的逻辑值模型构建,将面临以下两点问题:

(1)因模型中需要采用逻辑关系建模,模型构建相对比较复杂,若应用于大规模配电网中将进一步增加建模的复杂性。

(2)因故障定位模型中含有逻辑关系运算,使得数值稳定性好的常规优化算法不能应用,导致只能利用具有随机搜索特征的群体智能算法求解,当配电网规模较大时,将出现计算耗时、故障定位结果不稳定等不足。因此,建立非逻辑值表示的配电网故障定位新模型显得非常必要。

本章围绕着基于代数关系描述理论进行配电网馈线故障辨识的方法,以故障诊断最小集理论为基础,以单一故障假设为前提,利用最优化理论首次建立了非逻辑关系描述的配电网故障定位绝对值新模型。在此基础上,将其转化为含有0-1整数变量的故障定位线性整数规划模型。详细阐述了配电网故障新模型构建的基本原理,定性分析了所建模型无信息畸变情况下全局最优解的存在性和信息畸变情况下具有高容错性。然后采用遗传算法和线性整数规划分别对所建绝对值模型和线性整数规划模型进行决策,通过案例验证所建模型和算法的有效性,并提出相应的工程实现方案。

5.2 基于整数规划的配电网故障定位数学模型

5.2.1 建模基本思想

采用馈线支路的状态信息作为内生变量,利用因果分析和类比法建立

FTU 上传的故障电流越限信息与内生变量间的逼近关系模型,以故障诊断最小集理论为基础,构建含绝对值的非线性规划模型,通过对模型极值获得时逼近关系模型的特点,将其转化为线性整数规划模型,从而采用遗传算法和线性整数规划进行优化求解。

5.2.2 模型参数确定和编码

建模时需要通过馈线支路的状态信息逼近 FTU 所采集到的自动化装置的电流越限信息,因此以进线断路器、分段开关、联络开关为节点,以馈线支路状态信息作为内生变量。在编码时仍然采取 0 - 1 编码方式,本章采用数字 1 表示馈线区段故障,数字 0 表示馈线区段正常。

5.2.3 故障定位最佳逼近的非逻辑关系模型

逼近关系模型是构建故障定位优化模型的基础,采用因果分析建立自动化设备监控信息和馈线状态间的关联关系模型,采用第 4 章图 4-1 所示的 5 节点单电源辐射型配电网为例进行分析。假定 $x(1)$ ~ $x(5)$ 分别为馈线 1 ~ 5 的运行状态信息, I_{S_1} ~ I_{S_5} 分别表示断路器和分段开关电流越限信息值,当有过电流时取值为 1。图 4-6 中若断路器 S_1 的 FTU 采集到故障电流越限信息,依据图论连通性和电力系统潮流分布特征易知,电流越限信号可能是由馈线 1 ~5 发生短路故障引起的。因此,馈线 1 ~5 的设备状态信息与 S_1 的 FTU 电流越限状态直接相关,即 $x(1)$ ~ $x(5)$ 是导致 I_{S_1} 值为 1 的直接原因,称馈线1 ~5是 I_{S_1} 的因果设备。同理,馈线 2 ~5 是 I_{S_2} 的因果设备,馈线 3 ~5 是 I_{S_3} 的因果设备,馈线 4 ~5 是 I_{S_4} 的因果设备,馈线 5 是 I_{S_5} 的因果设备。表 5-1 所示为依据上述方法得到的 I_{S_1} ~ I_{S_5} 的因果馈线设备、因果设备排序和数目。

表 5-1 I_{S_1} ~ I_{S_5} 的因果馈线设备关联信息

信息值	因果设备与顺序	因果设备状态信息	数目
I_{S_1}	馈线 1,2,3,4,5	$x(1)$ ~ $x(5)$	5
I_{S_2}	馈线 2,3,4,5	$x(2)$ ~ $x(5)$	4
I_{S_3}	馈线 3,4,5	$x(3)$ ~ $x(5)$	3
I_{S_4}	馈线 4,5	$x(4)$ ~ $x(5)$	2
I_{S_5}	馈线 5	$x(5)$	1

依据上述因果设备的状态关联信息,以单故障假设为前提,基于故障最小集理论即可建立描述因果设备状态信息与断路器和分段开关的电流越限信息

$I_{S_1} \sim I_{S_5}$ 间的关联信息逼近关系模型。$I_{S_1}(X)$、$I_{S_2}(X)$、$I_{S_3}(X)$、$I_{S_4}(X)$、$I_{S_5}(X)$ 为对应自动化设备的逼近函数。$\vee$ 表示逻辑“或”，文献[1－5]所构建的逼近关系模型为

$$I_{S_1}(x) = |I_{S_1} - x(1) \vee x(2) \vee x(3) \vee x(4) \vee x(5)| \tag{5-1}$$

$$I_{S_2}(x) = |I_{S_2} - x(2) \vee x(3) \vee x(4) \vee x(5)| \tag{5-2}$$

$$I_{S_3}(x) = |I_{S_3} - x(3) \vee x(4) \vee x(5)| \tag{5-3}$$

$$I_{S_4}(x) = |I_{S_4} - x(4) \vee x(5)| \tag{5-4}$$

$$I_{S_5}(x) = |I_{S_5} - x(5)| \tag{5-5}$$

依据文献[2]的分析可得出结论：上述开关模型能正确有效反映因果设备间的关联关系，但是并不满足故障诊断最小集理论。因此，造成文献[1]将因为存在“多对一”的关系而产生误判。文献[2－5]对其进行改进，虽然实现了“一对一”的状态逼近，但因基于逻辑值理论进行构建，使得模型构建复杂，且不能应用基于数值稳定性好的常规优化算法进行决策计算，因求解效率和数值不稳定原因存在，限制了在大规模配电网中的应用。依据式(5-1)～式(5-5)，将模型中逻辑运算“$\vee$”改为减法运算，可得出新的逼近关系模型为

$$I_{S_1}(x) = |I_{S_1} - x(1) - x(2) - x(3) - x(4) - x(5)| \tag{5-6}$$

$$I_{S_2}(x) = |I_{S_2} - x(2) - x(3) - x(4) - x(5)| \tag{5-7}$$

$$I_{S_3}(x) = |I_{S_3} - x(3) - x(4) - x(5)| \tag{5-8}$$

$$I_{S_4}(x) = |I_{S_4} - x(4) - x(5)| \tag{5-9}$$

$$I_{S_5}(x) = |I_{S_5} - x(5)| \tag{5-10}$$

式(5-6)～式(5-10)中“－”符号除直接表示代数相减运算外，还直接蕴含了因果关联设备的运行状态信息对上传报警信息耦合作用的并联叠加特性。由式(5-6)～式(5-10)所建新逼近关系模型和式(5-1)～式(5-5)的逻辑模型比较可以看出，新模型不仅满足设备间的因果关联关系且避免了逻辑关系运算。以图4-1辐射型配电网为例，对式(5-6)～式(5-10)进一步分析并和式(5-1)～式(5-5)比较来验证新模型的优势还在于同时满足故障诊断最小集理论，弥补了现有模型的不足。

依据文献[2－8]可知，配电网故障定位间接方法本质上是找到最能解释所有FTU等自动化开关的故障电流报警信息，即假定馈线故障造成的所有过电流状态信息与各监控点上传的故障电流越限状态信息之间的差异最小化，在最理想情况下差异应为0，即式(5-6)～式(5-10)的代数和为零，考虑其取值的非负

性,只有式(5-6)~式(5-10)的值分别为0,才满足差异最小值0。下面对无信息畸变时的单一馈线故障进行分析,若式(5-6)~式(5-10)的值全为0,能准确找到预设故障位置,将表明新逼近关系模型满足故障诊断最小集理论。

假定断路器和分段开关的FTU都获得故障电流越限信息,即假定短路故障发生馈线5,此时 I_{S_1} ~ I_{S_5} 的值为1,则对式(5-6)~式(5-10)采用回代方法可得到当式(5-10)中 $x(5)$ 的值为1时, $I_{S_5}(X)$ 才能达到最小值0。将 $x(5)$ 的值融合到式(5-9)中,则只有当 $x(4)$ 的值为0时, $I_{S_4}(X)$ 才能达到最小值0。同理,当 $I_{S_1}(X)$ ~ $I_{S_3}(X)$ 的值达到最小值0时, $x(1)$ ~ $x(3)$ 的值只能为0,可辨识出馈线5发生短路故障,与假定故障位置一致。同理,假定仅 I_{S_1} ~ I_{S_4} 值为1,分析可得到仅 $x(4)$ 的值为1,即馈线4发生短路故障。采用上述方法分析,可验证仅馈线1、馈线2或馈线3发生短路故障时逼近模型是合理有效的,此时 $I_{S_1}(X)$ - $I_{S_5}(X)$ 同时达到最小值。由上述分析可知:所建逼近关系模型满足故障诊断最小集理论,能够准确定位出馈线故障区段。

依据配电网间接故障定位的最佳逼近思想,针对图4-1故障定位的目标函数数学模型可表示为

$$f(x) = \sum_{j=1}^{5} I_{S_j}(x) \tag{5-11}$$

同理,当具有 N 个自动化装置时含绝对值的配电网故障定位非逻辑关系新模型可表示为

$$\begin{cases} \min f(x) = \sum_{j=1}^{N} I_{S_j}(x) = \sum_{j=1}^{N} \left| I_{S_j} - \sum_{i=S_{j0}}^{S_{j0}+K_{S_j}} x(i) \right| \\ \text{s.t. } x(i) = 0/1 \quad X \in \mathbf{R}^N \end{cases} \tag{5-12}$$

式(5-12)中, S_{j0} 为配电网自动化设备 S_j 下游第一个因果关联馈线所在节点位置; K_{S_j} 为 S_j 的因果关联设备数目。

5.2.4 故障定位模型的容错性能

配电网自动化系统中FTU等自动化设备终端通常安装在室外,运行时受到外界干扰的因素较多,上传电流越限信息时可能会出现信息缺失或畸变情况,需提高信息畸变状态下故障定位的准确率。下面将以单一故障为前提,利用图4-1所示简化配电网分析所构建故障定位新模型的高容错性能。

假定馈线5故障,但此时 S_1 的电流越限信息出现畸变,即 I_{S_1} 的值为0。基于式(5-7)~式(5-10)分析,当 $x(5)$ 的值为1且 $x(2)$ ~ $x(4)$ 的值为0时,

$I_{S_2}(X) \sim I_{S_5}(X)$ 达到最小值0。此时,式(5-6)中当 $x(1)$ 的值为0时, $I_{S_1}(X)$ 的值为1,当 $x(1)$ 值为1时, $I_{S_1}(X)$ 的值为2,要使 $I_{S_1}(X)$ 的值达到最小, $x(1)$ 的值必须为0。基于上述分析可准确定位出1位信息畸变时馈线的短路故障发生位置。

假定馈线5故障时 I_{S_1}、I_{S_2} 的值为0,即存在2位电流越限信息畸变的情况。基于式(5-8)~式(5-10)分析,当 $x(5)$ 的值为1且 $x(3) \sim x(4)$ 的值为0时, $I_{S_3}(X) \sim I_{S_5}(X)$ 达到最小值0。式(5-7)中 $I_{S_2}(X)$ 要取得最小值, $x(2)$ 的值必须为0。同理,得到 $x(1)$ 的值为0时, $I_{S_1}(X)$ 的值达到最小。基于上述分析可准确定位出2位信息畸变时馈线的短路故障位置。

综上所述,构建的配电网故障定位新模型具有较高容错性能,能够有效提高电流越限信息畸变下故障定位的准确率,其高容错性能将进一步通过仿真算例进行验证。

5.2.5　配电网故障定位的线性整数规划模型

式(5-12)所描述的配电网故障定位新模型中目标函数含有绝对值运算,绝对值的存在将导致目标函数的非线性,同时需要对内部元素的正负号进行判定,增加了优化决策的复杂性。若采用合理的简化,在保证最优决策不丢失的前提下消除绝对值运算,将可大幅度降低决策复杂性,提高故障定位效率。

根据5.2.3节的理论分析很容易看出,当定位出馈线短路故障发生区段时,馈线状态信息值 $x(i)$ 的值为0或1。因此,逼近关系函数值达到最小时,以下不等式条件成立:

$$g_{S_1}(X) = x(1) + x(2) + x(3) + x(4) + x(5) - I_{S_1} \geqslant 0 \tag{5-13}$$

$$g_{S_2}(X) = x(2) + x(3) + x(4) + x(5) - I_{S_2} \geqslant 0 \tag{5-14}$$

$$g_{S_3}(X) = x(3) + x(4) + x(5) - I_{S_3} \geqslant 0 \tag{5-15}$$

$$g_{S_4}(X) = x(4) + x(5) - I_{S_4} \geqslant 0 \tag{5-16}$$

$$g_{S_5}(X) = x(5) - I_{S_5} \geqslant 0 \tag{5-17}$$

很显然,将式(5-13)~式(5-17)的约束条件融入式(5-12)中,则可消除绝对值运算,建立0-1线性整数规划故障定位模型:

$$\begin{cases} \min f(X) = \sum_{j=1}^{N} g_{S_j}(X) = \sum_{j=1}^{N} \left[\sum_{i=S_{j0}}^{S_{j0}+K_{S_j}} x(i) - I_{S_j} \right] \\ \text{s.t. } g(X) \geqslant 0 \\ g(X) = [g_{S_1}(X), g_{S_2}(X), \cdots, g_{S_N}(X)] \\ x(i) = 0/1 \quad X \in \mathbf{R}^n \end{cases} \tag{5-18}$$

由式(5-18)的数学模型可知,其为仅含有 0 – 1 整数变量的线性整数规划数学模型,可利用最优化方法中的线性整数规划方法直接进行求解。

5.2.6 具有 T 型耦合节点配电网的故障定位模型

根据文献[1 –5]可知,配电网中存在 T 型耦合节点时,容易导致耦合节点下游馈线支路故障时的误判,因此有必要进一步对具有 T 型耦合节点的配电网故障定位新数学模型的构建方法进行分析。

实际上,具有 T 型耦合节点的配电网拓扑结构的主要特点是在耦合节点处出现新的馈线支路,其本质上是耦合节点下游馈线分枝支路状态信息间失去因果关联关系。因此,仍然可以采用 5.2.3 的建模方法进行故障定位模型构建。以图 5-1 所示简化的含 T 型耦合节点配电网为例说明建模方法。

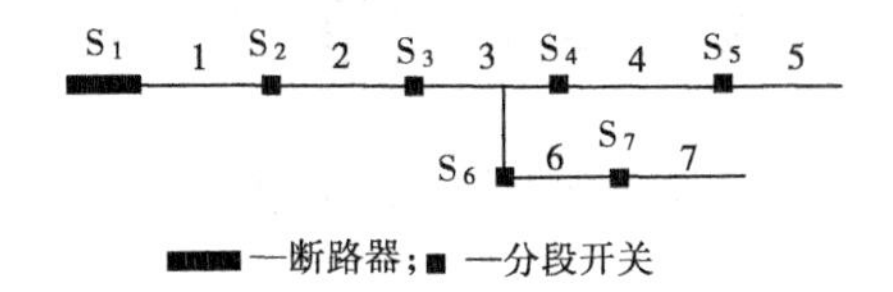

图 5-1 单电源 T 型耦合节点配电网

表 5-2 为基于 5.2.3 节因果设备的理论分析所建立的因果设备关联信息。

表 5-2 因果设备关联信息

设备	电流越限值	因果设备与顺序	因果设备状态信息	数目
耦合节点前关联设备	I_{S_1}	馈线 1,2,3,4,5,6,7	$x(1) \sim x(7)$	7
	I_{S_2}	馈线 2,3,4,5,6,7	$x(2) \sim x(7)$	6
	I_{S_3}	馈线 3,4,5,6,7	$x(3) \sim x(7)$	5
耦合节点后关联设备	I_{S_4}	馈线 4,5	$x(4) \sim x(5)$	2
	I_{S_5}	馈线 5	$x(5)$	1
	I_{S_6}	馈线 6,7	$x(6) \sim x(7)$	2
	I_{S_7}	馈线 7	$x(7)$	1

根据表 5-2 的因果设备关联信息和 5.2.5 节的配电网故障定位绝对值模型的建模与变换方法,建立的含 0 – 1 变量的线性整数规划故障定位模型为

$$
\begin{cases}
\min f(X) = \sum_{i=1}^{5} x(i) \times i + \sum_{i=6}^{7} x(i) \times (i-2) - \sum_{i=1}^{7} I_{S_1} \\
\text{s. t. } \sum_{i=1}^{7} x(i) - I_{S_1} \geqslant 0 \quad \begin{bmatrix} \sum_{i=4}^{5} x(i) - I_{S_4} \geqslant 0 \\ x(4) - I_{S_5} \geqslant 0 \\ \sum_{i=6}^{7} x(i) - I_{S_6} \geqslant 0 \\ x(7) - I_{S_7} \geqslant 0 \end{bmatrix} \quad x(i) = 0/1 \\
\sum_{i=2}^{7} x(i) - I_{S_2} \geqslant 0 \\
\sum_{i=3}^{7} x(i) - I_{S_3} \geqslant 0
\end{cases}
\tag{5-19}
$$

式(5-19)中[·]内代表 T 型耦合节点后逼近关系约束不等式。将通过算例仿真验证该模型有效性。

5.3 配电网故障定位整数规划模型求解

故障定位模型在构建时利用馈线支路的状态信息逼近 FTU 等自动化设备的故障电流越限信息。因此,在进行模型求解时,以馈线支路的运行状态作为决策变量。建立的故障定位模型中决策变量值只能为 0 或 1,因此在求解时需要考虑离散变量的处理。目前,人工智能算法和整数规划法是对离散变量求解的常用方法。

本章所建立的故障定位新模型有非逻辑关系描述的绝对值模型和线性整数规划模型。故障定位模型求解思路为:针对模型 1[见式(5-12)],目标函数中因含有绝对值运算,采用群体智能算法进行求解将具有优势,利用遗传算法进行决策,来验证所建绝对值配电网故障定位模型的有效性;对于模型 2[见式(5-18)]为线性整数规划模型,为提高决策效率,采用线性整数规划进行优化决策,以便验证转换后整数规划模型与绝对值模型在最优决策时的等价性。同时,和当前已有的基于逻辑关系描述的配电网故障定位模型求解时的群体智能算法比较,验证所建故障定位模型在利用线性整数规划融合故障定位效率方面的优势显著。

5.4 配电网故障定位整数规划数学模型有效性

5.4.1 三电源环网开环运行配电网算例

以图 4-3 为例分析验证所建故障定位新模型的有效性。为进一步说明本章的建模方法，对图4-3所示三电源环网开环运行配电网故障定位模型再次进行建模。根据5.2.1~5.2.7节的建模方法，非逻辑绝对值故障定位模型为式(5-20)；线性整数规划模型为式(5-21)。

$$\begin{cases}\min f(X) = \sum_{j=1}^{17} I_{S_j}(X) \\ I_{S_j}(X) = \left| I_{S_j} - \sum_{i=j}^{6} x(i) \right| \quad j = 1,2,3,4,5,6 \\ I_{S_j}(X) = \left| I_{S_j} - \sum_{i=j}^{10} x(i) \right| \quad j = 7,8,9,10 \\ I_{S_j}(X) = \left| I_{S_j} - \sum_{i=j}^{19} x(i) \right| \quad j = 11,12,13,14 \\ I_{S_j}(X) = \left| I_{S_j} - \sum_{i=j}^{16} x(i) \right| \quad j = 15,16 \\ I_{S_j}(X) = \left| I_{S_j} - \sum_{i=j}^{19} x(i) \right| \quad j = 17,18,19 \quad x(i) = 0/1 \end{cases} \tag{5-20}$$

$$\begin{cases}\min f(X) = \sum_{j=1}^{19} I_{S_j}(X) \\ I_{S_j}(X) = \sum_{i=j}^{6} x(i) - I_{S_j} \geqslant 0 \quad j = 1,2,3,4,5,6 \\ I_{S_j}(X) = \sum_{i=j}^{10} x(i) - I_{S_j} \geqslant 0 \quad j = 7,8,9,10 \\ I_{S_j}(X) = \sum_{i=j}^{19} x(i) - I_{S_j} \geqslant 0 \quad j = 11,12,13,14 \\ I_{S_j}(X) = \sum_{i=j}^{16} x(i) - I_{S_j} \geqslant 0 \quad j = 15,16 \\ I_{S_j}(X) = \sum_{i=j}^{19} x(i) - I_{S_j} \geqslant 0 \quad j = 17,18,19 \quad x(i) = 0/1 \end{cases} \tag{5-21}$$

针对有信息畸变和无信息畸变两种情况进行仿真。鉴于故障情形较多，只针对馈线6、10、19同时发生故障时无信息畸变、1位信息畸变、2位信息畸变、3位信息畸变、4位信息畸变等情况进行分析。针对绝对值模型采用遗传算法求解（初始种群200，最大迭代次数200），对线性整数规划模型求解时采用线性整数规划中的分支定界法，结果如表5-3所示。

表 5-3　故障定位仿真结果

模型	畸变位	函数值	故障区段	正确率
模型 1	无	0	馈线 6、10、19	>90%
模型 2	无	0	馈线 6、10、19	100%
模型 1	S_2	1	馈线 6、10、19	>90%
模型 2	S_2	1	馈线 6、10、19	100%
模型 1	S_2、S_{13}	2	馈线 6、10、19	>90%
模型 2	S_2、S_{13}	2	馈线 6、10、19	100%
模型 1	S_2、S_7、S_{13}	3	馈线 6、10、19	>90%
模型 2	S_2、S_7、S_{13}	3	馈线 6、10、19	100%
模型 1	S_2、S_7、S_{13}、S_{17}	4	馈线 6、10、19	>90%
模型 2	S_2、S_7、S_{13}、S_{17}	4	馈线 6、10、19	100%

根据表 5-3 的仿真结果可以看出：绝对值故障定位模型（模型 1）可以准确定位出配电网故障区段且具有较高的容错性能，在具有 1 ~ 4 位畸变信息时均可准确定位出馈线故障区段；线性整数规划模型和绝对值故障模型具有相同的极值点，表明线性整数规划模型和绝对值模型具有等价性，模型 1 向模型 2 变换的方法是有效的。同时，仿真表明群体智能算法求解时存在不稳定性，而所新建的故障定位模型采用线性整数规划进行故障辨识时可 100% 地实现故障区域的准确辨识，最优决策稳定，可有效降低故障的错判和漏判，对于提高故障定位的准确性和效率具有重要作用。

5.4.2　含多 T 型耦合节点的复杂配电网算例

为进一步验证所建模型有效性，对具有 6 个 T 型耦合节点的单电源辐射型配电网为例进行仿真分析。配电网结构如图 5-2 所示，具有 1 个断路器、27 个分段开关，28 条馈线对应 28 个馈线定位区段。按照 5.2.6 节建模理论进行建模。鉴于故障情形较多，仿真时只针对末端支路发生故障时有无畸变情况进行仿真。鉴于绝对值模型和线性整数规划模型的等价性，只针对线性整数规划模型进行仿真，求解时采用分支定界法，结果如表 5-4 所示。

根据表 5-4 的仿真结果可以看出：所构建基于非逻辑关系描述的配电网故障定位模型，可以准确定位出具有多耦合节点的复杂配电网故障区段，且具

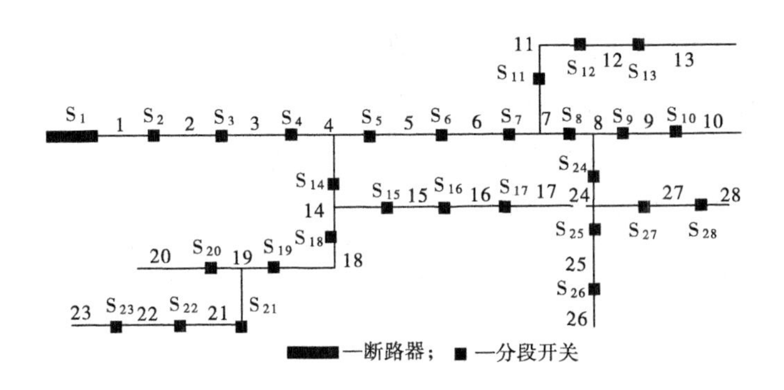

图 5-2　单电源多耦合节点辐射型配电网

有较高的容错性能，在具有 1 ~ 3 位畸变信息时均可准确定位出馈线故障区段。同时，进一步说明新故障定位模型满足因果设备间的关联关系和故障诊断最小集理论，进行馈线故障区段辨识时是正确有效的。

表 5-4　故障定位仿真结果

畸变位	假定故障	函数值	故障区段	正确率
无	馈线 10	0	馈线 10	100%
S_2	馈线 10	1	馈线 10	100%
无	馈线 13	0	馈线 13	100%
S_2、S_6	馈线 13	2	馈线 13	100%
无	馈线 17	0	馈线 17	100%
S_2、S_{15}	馈线 17	2	馈线 17	100%
无	馈线 20	0	馈线 20	100%
S_3、S_{18}	馈线 20	2	馈线 20	100%
无	馈线 23	0	馈线 23	100%
S_1、S_{18}	馈线 23	2	馈线 23	100%
无	馈线 26	0	馈线 26	100%
S_3、S_{21}	馈线 26	2	馈线 26	100%
无	馈线 28	0	馈线 28	100%
S_1、S_5、S_7	馈线 28	3	馈线 28	100%

5.4.3 与群体智能算法配电网故障定位方法比较

为表明所建新模型及其在求解方面的优势，应用文献[1－8]的算例在模型适应性、求解效率和决策稳定性3方面与所建线性整数规划模型比较。表5-5为不同类型故障定位模型与算法比较结果。

表5-5 不同类型故障定位模型与算法比较结果

文献	模型	算例规模	可采用算法	文献算法	是否误判	算法稳定性
[1]~[3]	逻辑模型	19节点	群体智能	遗传算法	是	不稳定
[4]	逻辑模型	20节点	群体智能	蚁群算法	是	不稳定
[5]	逻辑模型	19节点	群体智能	仿电磁学算法	是	不稳定
[6]	逻辑模型	11节点	群体智能	免疫算法	是	不稳定
[7]	逻辑模型	28节点	群体智能	蝙蝠算法	是	不稳定
[8]	逻辑模型	33节点	群体智能	和声算法	是	不稳定
本章	代数模型	28节点	群体智能、线性整数规划	线性整数规划	否	稳定

根据表5-5可以看出，采用逻辑关系构建配电网故障定位模型时，必须采用群体智能算法进行故障辨识，该类型算法虽然在处理离散变量时具有简单、便捷等优点，但其根本缺陷在于算法的稳定性不足，存在过早收敛或陷入局部最优，从而导致故障区段误判或漏判。基于非逻辑关系的故障定位模型可避开群体智能算法求解，利用线性整数规划求解时的数值稳定性强，只要定位模型合理，可完全正确地找到馈线故障区段。

此外，将图4-1所示的辐射型配电网拓展到500节点，并假定馈线500发生故障，利用Matlab2010a遗传算法工具箱和线性整数规划进行模型优化求解。遗传算法的种群个数分别设置为20、50、100、200、300、500，初始种群随机产生，算法终止条件为最大迭代次数100，分别仿真运行20次，都不能获得最优目标函数值0，即无法准确地定位出故障区段。以目标函数的停滞代数作为算法终止条件，停滞代数设置为50，对上述种群时的故障定位模型进行仿真，分别运行20次。当种群个数分别为20、50、100、300时将会陷入局部最优，仍然无法准确定位出故障区段；当种群个数为500时，其中有2次出现错判，18次能够准确辨识馈线故障，平均耗时约22 s。采用线性整数规划时，从任意初始点开始寻优，在AMD E2－1800 CPU 1.70 GHz的Matlab环境中进行仿真，运行20次，故障定位最短时间与最长时间分别为5.03 s和6.5 s。与遗传算法相比在数值稳定性上和求解效率上都有显著优势。因此，本章所构建的故障定位新模型因跳出了对群体智能算法的依赖，可利用数值稳定性好、求解效率高的常规优化算法进行决策，在大规模配电网故障定位中可获得应用，具有巨大的工程应用价值。

5.5 配电网馈线故障辨识的线性整数规划技术工程方案

5.5.1 配电网故障定位装置的技术方案

配电网馈线故障辨识的线性整数规划方法的技术方案是：一种配电网在线故障定位装置。包括电流状态监测装置、配电网结构辨识装置、控制主站和通讯装置。电流状态监测装置与配电网相连接，电流状态监测装置通过通讯装置与控制主站相连接，配电网结构辨识装置通过通讯装置分别与配电网、控制主站相连接。

电流状态监测装置包括电流测量装置、存储装置、信号处理装置、计时装置和通信装置，电流测量装置与配电网相连接，电流测量装置与存储装置相连接，存储装置与信号处理装置相连接，信号处理装置与计时装置相连接，计时装置与通信装置相连接，通信装置与通讯装置相连接。

电流测量装置采用分布式FTU实现，存储装置为ROM，信号处理装置采用逻辑比较器实现，计时装置采用电子计数器实现，通信装置采用GPRS或光纤通信实现，通信装置进行报警信息或远程控制指令的传输。

配电网结构辨识装置包括存储器和信号处理装置，配电网结构辨识装置实现对配电网网络拓扑信息的存储与追踪、开关函数的生成、网络结构数据对控制主站的共享。配电网结构辨识装置采用DSP实现。

控制主站包括数据库和故障定位系统，控制主站实现电流越限参考值的整定、与电流状态监测装置和配电网结构辨识装置的信息共享、配电网故障定位数学模型的生成与故障优化的辨识。

故障定位系统采用基于代数关系理论、逼近关系描述和最优化建模原理建立优化目标最小化的线性整数规划故障定位模型并采用0－1线性整数规划实现故障定位。

有益效果：所述的配电网馈线故障区段辨识技术方案具有配电网拓扑动

态追踪能力，因采用逼近关系建模，具有高容错性，且因采用代数关系描述和线性整数规划实现故障定位模型的建模和求解，具有效率高、数值稳定性好的优势，并可实现多重故障定位，可应用于大规模配电网的在线故障定位，有效克服了现有基于群体智能优化的故障定位算法因对群体智能优化的依赖而导致的数值不稳定性，容易导致错判或漏判，效率不高，不能应用于在线大规模配电网故障定位等难题。

5.5.2 配电网故障定位装置的具体实施方式

为了更清楚地说明上述配电网馈线故障区段辨识技术中的技术方案，下面将结合图5-3和图5-4对具体实施方式进行进一步的阐述。

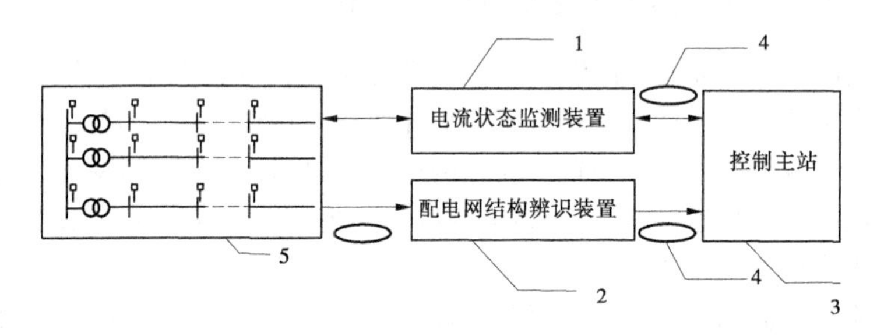

图5-3 配电网馈线故障定位装置实施例1

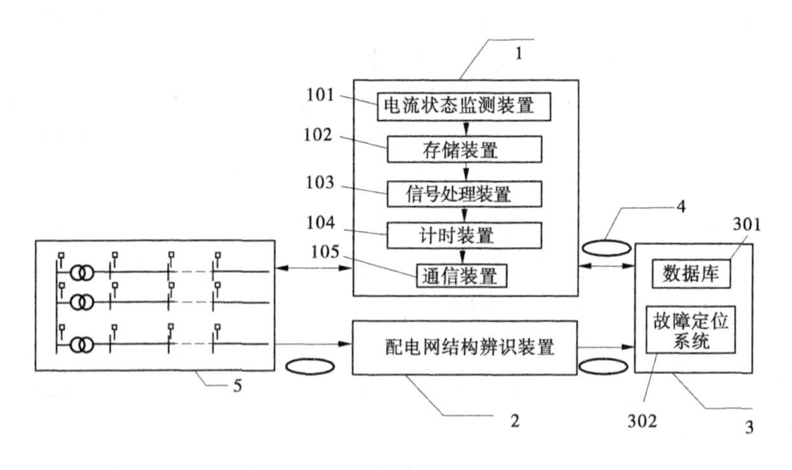

图5-4 配电网馈线故障定位装置实施例2

5.5.2.1 实施例1

如图5-3所示，一种配电网在线故障定位装置，包括电流状态监测装置1、配电网结构辨识装置2、控制主站3和通讯装置4。电流状态监测装置1与配电网5相连接,电流状态监测装置1通过通讯装置4与控制主站3相连接,配电网结构辨识装置2通过通讯装置4分别与配电网5、控制主站3相连接。

工作过程:电流状态监测装置1基于一定周期(通常为15 min)检测配电网5的监测点的电流,并与正常极限参考电流值比较,判断是否存在电流值越限情况,若存在故障过电流,则通过通讯装置4传送至控制主站3;配电网结构辨识装置2对配电网5进行网络拓扑信息的存储与追踪、开关函数的生成、网络结构数据的监测,然后通过通讯装置4将上述信息与控制主站3进行共享;控制主站3根据电流状态监测装置1的故障电流状态和配电网结构辨识装置2监测的配电网5的信息,找出配电网馈线的故障位置,最后通过通讯装置4向故障馈线两端的电流状态监测装置1发送故障隔离指令,隔离故障。

5.5.2.2 实施例2

如图5-4所示,一种配电网在线故障定位装置,包括电流状态监测装置1、配电网结构辨识装置2、控制主站3和通讯装置4。电流状态监测装置1与配电网5相连接,电流状态监测装置1通过通讯装置4与控制主站3相连接,配电网结构辨识装置2通过通讯装置4分别与配电网5、控制主站3相连接。

电流状态监测装置1包括电流测量装置101、存储装置102、信号处理装置103、计时装置104和通信装置105。电流测量装置101与配电网5相连接,电流测量装置101与存储装置102相连接,存储装置102与信号处理装置103相连接,信号处理装置103与计时装置104相连接,计时装置104与通信装置105相连接,通信装置105与通讯装置4相连接。

电流测量装置101采用分布式FTU实现,存储装置102为ROM,信号处理装置103采用逻辑比较器实现,计时装置104采用电子计数器实现,通信装置105采用GPRS或光纤通信实现,通信装置105进行报警信息或远程控制指令的传输,通过通讯装置4传输至控制主站3。

配电网结构辨识装置2包括存储器和信号处理装置,配电网结构辨识装置2实现对配电网网络拓扑信息的存储与追踪、开关函数的生成、网络结构数据对控制主站的共享。配电网结构辨识装置2采用DSP实现。

配电网结构辨识装置2还具有拓扑追踪功能,配电网重构导致的配电网结构变化而动态调整配电网的拓扑连接信息。

控制主站3包括数据库301和故障定位系统302,控制主站3实现电流越限参考值的整定、与电流状态监测装置1和配电网结构辨识装置2的信息共享、配电网故障定位数学模型的生成与故障优化的辨识。故障定位系统302

基于 C + + buider 实现,采用基于代数关系理论、逼近关系描述和最优化建模原理,建立优化目标最小化的故障定位模型,并采用 0 - 1 线性整数规划实现故障定位。

因随着社会经济对电力需求的增长、电网改造升级,电流越限参考值要进行周期性的调整,控制主站 3 还可以实现远程的电流越限参考值整定,整定完毕通过有线或无线的方式发送至电流状态监测装置 1 的信号处理装置 103 进行逻辑比较后,调整参考值。

当配电网在线故障定位装置运行时,利用电流状态监测装置 1 中的计时装置 104 对采样周期进行计时,当计时周期(15 min)达到时,利用电流测量装置 101 采集配电网 5 的节点电流并送至存储装置 102。当数据存储结束,利用现场总线将其送至信号处理装置 103 进行逻辑比较判断电流是否越限,若不存在越限信息,等待下个采样周期的到来;若存在电流越限信息,则将其电流越限信息(采用 0 - 1 表示,1 表示越限)通过通讯装置 4 上传至控制主站 3 的数据库 301。控制主站 3 检测数据存储完毕,利用故障定位系统 302 从配电网结构辨识装置 2 中的 DSP 中获取配电网拓扑信息和开关函数模型,并基于数据库 301 的电流越限信息,自动生成配电网故障定位的线性整数规划数学模型;然后启动线性整数规划程序,找出配电网馈线故障位置;最后向故障馈线两端的电流状态监测装置 1 发送故障隔离指令,隔离故障。

5.6 本章小结

针对智能配电网背景下基于智能化终端设备 FTU 的馈线故障的在线故障定位问题,围绕着配电网馈线故障辨识的线性整数规划技术,本章主要做了以下工作:

(1)针对基于整数规划的配电网故障定位数学模型,详细阐述了建模基本思想、模型参数确定和编码、基于代数关系描述的开关函数模型构建方法;详细论述了基于代数关系描述的配电网故障定位绝对值数学模型构建方法,并在此基础上基于等价转换思想提出配电网故障定位的线性整数规划模型。

(2)从理论上分析了配电网故障定位线性整数规划模型的容错性和有效性,并通过典型的配电网进行仿真验证模型在故障定位时的正确性和有效性。

(3)详细阐述了基于整数规划的配电网故障定位数学模型工程技术方案,并进一步论述了配电网故障定位装置的具体实施方式。

参考文献

[1] 杜红卫,孙雅明,刘弘靖,等. 基于遗传算法的配电网故障定位和隔离[J]. 电网技术,2000,25(5):52-55.

[2] 卫志农,何桦,郑玉平. 配电网故障区间定位的高级遗传算法[J]. 中国电机工程学报,2002,22(4):127-130.

[3] 郭壮志,陈波,刘灿萍,等. 基于遗传算法的配电网故障定位[J]. 电网技术,2007,31(11):88-92.

[4] 陈歆技,丁同奎,张钊. 蚁群算法在配电网故障定位中的应用[J]. 电力系统自动化,2006,30(5):74-77.

[5] 郭壮志,吴杰康. 配电网故障区间定位的仿电磁学算法[J]. 中国电机工程学报,2010,30(13):34-40.

[6] 郑涛,潘玉美,郭昆亚,等. 基于免疫算法的配电网故障定位方法研究[J]. 电力系统继电保护与控制,2014,42(1):77-83.

[7] 付家才,陆青松. 基于蝙蝠算法的配电网故障区间定位[J]. 电力系统继电保护与控制,2015,43(16):100-105.

[8] 刘蓓,汪沨,陈春,等. 和声算法在含 DG 配电网故障定位中的应用[J]. 电工技术学报,2013,28(5):280-286.

第6章　配电网馈线故障辨识的互补优化模型和光滑化算法

6.1　引　言

第5章所提出的配电网馈线故障辨识的线性整数规划技术表明基于代数关系描述进行配电网馈线故障辨识可行性，且与基于群体智能优化的配电网馈线故障定位技术相比具有更好的数值稳定性和故障辨识效率。但因其为线性整数规划模型，对其求解时仅采用了线性整数规划中的分支定界法，随着配电网的规模的增大，该算法在求解时将出现效率不高的缺陷，更加有效的求解方法需进一步研究。

本章在前述研究基础上，基于代数关系描述进一步提出更加高效的配电网馈线故障辨识方法，其基于故障诊断最小集理论，以单一故障假设为前提，利用最优化理论首次建立非逻辑关系描述的配电网故障定位互补约束新模型，从而将含有0-1离散变量的故障辨识模型等价影射到连续空间，无需单独对离散变量进行优化决策，提出带有扰动因子辅助惩罚项的互补约束光滑理论和非线性规划结合的故障定位模型优化算法。

6.2　配电网故障区段定位的互补约束模型

6.2.1　建模基本思想

配电网发生故障后，安装在自动化装置处的FTU或RTU将会检测到故障过电流，并通过远程通讯设备将带时标的故障报警信息上传到控制主站。本章仍然采用文献[1-3]的间接建模方法，其本质上是利用假定故障馈线所造成的电流越限信息逼近FTU或RTU等自动化设备上传的过电流报警信息。因此，利用馈线支路的故障状态信息作为内生变量，并采用0-1离散值进行变量编码，数字0和1分别表示馈线区段运行正常和故障。在此基础上，利用因果关系理论构建FTU或RTU上传的故障电流越限信息与内生变量间的逼近关系数学模型，依据同一馈线故障状态的互斥性为基础进行理论分析，通过增加互补辅助变量，首次建立连续空间上的配电网故障区段定位互补约束模型。

6.2.2 基于代数关系的配电网故障定位逼近关系函数

配电网故障定位间接方法的最终目的是找出相应发生故障的设备，其最能解释所有 FTU 或 RTU 上传的故障电流报警信息，即假定故障造成的所有过电流状态信息与各监控点上传的故障电流越限状态信息之间的差异最小化。因此，合理的故障定位逼近关系函数是间接方法进行故障准确定位的关键。

故障定位逼近关系函数在构建时：

(1)需采用因果关联分析理论找出与监控点上传故障报警信息直接相关的所有可能故障设备，即因果关联设备；

(2)要符合故障诊断最小集理论，即满足最佳故障设备与上传报警信息具有唯一的对应关系，否则将引起故障错判或漏判。

下面将以图 5-1 所示含 T 型耦合节点的辐射型配电网为例，详细阐述基于代数描述的逼近关系模型构建方法。

当断路器 S_1 的监控点有报警信息上传时，依据网络拓扑连通性和功率流的输送机制可知，可能是馈线 1 ~7 发生短路故障引起的，其为造成断路器 S_1 报警信息的因果设备。同理，可得到馈线 2 ~7 为分段开关 S_2 报警信息的因果设备，馈线 3 ~7 为分段开关 S_3 报警信息的因果设备。分段开关 S_3 后出现 T 型耦合节点，使得馈线 4、5 故障时不会造成分段开关 S_6、S_7 产生报警信息。反之，馈线 6、7 故障时不会造成分段开关 S_4、S_5 产生报警信息。依据功率流流向可分别得到 S_4 ~ S_7 的因果设备。表 6-1 所示为图 5-1 中各自动化开关的因果设备与排序情况，其中 1 $\mapsto$ 2 表示馈线 2 紧邻馈线 1 且功率流由 1 流向 2，依次类推。

表 6-1　因果设备关联信息

自动化开关	因果设备与顺序
断路器 S_1	馈线 1 $\mapsto$ 2 $\mapsto$ 3 $\mapsto$ 4 $\mapsto$ 5 $\mapsto$ 6 $\mapsto$ 7
分段开关 S_2	馈线 2 $\mapsto$ 3 $\mapsto$ 4 $\mapsto$ 5 $\mapsto$ 6 $\mapsto$ 7
分段开关 S_3	馈线 3 $\mapsto$ 4 $\mapsto$ 5 $\mapsto$ 6 $\mapsto$ 7
分段开关 S_4	馈线 4 $\mapsto$ 5
分段开关 S_5	馈线 5
分段开关 S_6	馈线 6 $\mapsto$ 7
分段开关 S_7	馈线 7

依据各自动化开关的因果设备与顺序构建开关函数，且其必须直接反映出因果设备与相应自动化开关报警信息间的因果关联性。若 $I_{S_1}(X) \sim I_{S_7}(X)$ 分别表示自动化开关 $S_1 \sim S_7$ 的电流越限信息的开关函数，$x(1) \sim x(7)$ 分别为馈线 1 ~ 7 的故障运行状态信息，则 $I_{S_1}(X) \sim I_{S_7}(X)$ 代数描述数学模型可表示为

$$I_{S_1}(X) = x(1) + x(2) + x(3) + x(4) + x(5) + x(6) + x(7) \tag{6-1}$$

$$I_{S_2}(X) = x(2) + x(3) + x(4) + x(5) + x(6) + x(7) \tag{6-2}$$

$$I_{S_3}(X) = x(3) + x(4) + x(5) + x(6) + x(7) \tag{6-3}$$

$$I_{S_4}(X) = x(4) + x(5) \tag{6-4}$$

$$I_{S_5}(X) = x(5) \tag{6-5}$$

$$I_{S_6}(X) = x(6) + x(7) \tag{6-6}$$

$$I_{S_7}(X) = x(7) \tag{6-7}$$

式(6-1) ~ 式(6-7)中的"+"符号一方面表示进行代数相加运算，另一方面蕴含着所有因果设备与监控点上传报警信息的因果联系，揭示了馈线故障状态的协同作用对报警信息的直接作用特性。依据上述开关函数，以单故障假设为前提并避免绝对值运算，基于故障最小集理论即可建立描述因果设备故障态信息与自动化开关电流越限信息 $I_{S_1} \sim I_{S_7}$ 间的关联信息的二次逼近关系函数 $KB_{S_i}(X)$ 为

$$KB_{S_i}(X) = [I_{S_i} - I_{S_i}(X)]^2 \quad (i = 1,2,\cdots,7) \tag{6-8}$$

6.2.3 配电网故障定位的互补约束规划模型

当找到最佳故障设备时，应使所有上传的报警信息与开关函数间总偏差最小，将二次函数值进行累加计算，即利用残差平方和最小化来衡量总体逼近程度，可得到故障区段定位的目标函数 $f(X)$ 为

$$\min f(X) = \sum_{i=1}^{7} KB_{S_i}(X) \tag{6-9}$$

式(6-9)及馈线状态信息的 0 - 1 取值限制，构成基于代数关系描述的配电网故障区段定位模型，将其拓展到馈线总数为 N 的配电网，其模型可表示为

$$
\begin{cases}
\min f(\boldsymbol{X}) = \sum_{i=1}^{N} KB_{S_i}(\boldsymbol{X}) \\
\boldsymbol{X} = [x(1), x(2), \cdots, x(N)] \\
x(i) = 0/1 \quad i = 1,2,\cdots,N \\
\boldsymbol{X} \in \mathbf{R}^N
\end{cases}
\tag{6-10}
$$

式(6-10)为含有 0 - 1 离散整数变量的非线性规划模型。因离散变量的存在,在求解时将会比较复杂,若将其等价转换到连续空间,则会显著减少故障定位模型的决策复杂性。实际上,馈线的故障信息状态具有互斥性,即同一馈线故障状态 $x(i)$ 取值不能同时为 0 或 1,因此可构建辅助互补约束条件,将式(6-10)等价影射为连续空间的故障区段定位模型。

互补约束条件构建思路:增加馈线故障状态 $x(i)$ 的辅助变量 $\boldsymbol{\kappa}(i)$,利用 $x(i)$ 取值只能为 0 或 1 的特点构建线性等式约束条件,且保证只有当 $x(i)$ 和 $\boldsymbol{\kappa}(i)$ 取值为 0 或 1 时等式成立。

因 $x(i)$ 和 $\boldsymbol{\kappa}(i)$ 最终取值只能为 0 或 1,故可以将上述 0 - 1 离散约束等价地转换为以下等式约束条件:

$$x(i) + \boldsymbol{\kappa}(i) = 1 \tag{6-11}$$

$$| x(i) - \boldsymbol{\kappa}(i) | = 1 \tag{6-12}$$

对式(6-12)等式两边进行平方运算,可得到以下二次等式约束模型:

$$x(i)^2 + \boldsymbol{\kappa}(i)^2 - 2x(i)\boldsymbol{\kappa}(i) = 1 \tag{6-13}$$

考虑到 $x(i)^2 + \boldsymbol{\kappa}(i)^2 = 1$,由式(6-13)可得出 $x(i)\boldsymbol{\kappa}(i) = 0$,因此式(6-12)的绝对值约束条件被转换为等价的互补约束条件:

$$x(i) \perp \boldsymbol{\kappa}(i) = 0 \tag{6-14}$$

将式(6-11)和式(6-14)作为新的馈线故障状态约束条件融入到式(6-10)中,同时增加 $x(i), \boldsymbol{\kappa}(i) \geqslant 0$ 辅助约束即构成了含有互补约束的故障区段定位新模型:

$$
\begin{cases}
\min f(\boldsymbol{X}) = \sum_{i=1}^{N} KB_{S_i}(\boldsymbol{X}) \\
\boldsymbol{X} + \boldsymbol{\kappa} = 1, \boldsymbol{X} \perp \boldsymbol{\kappa} = 0 \\
\boldsymbol{X} = [x(1), x(2), \cdots, x(N)], \boldsymbol{\kappa} = [\boldsymbol{\kappa}(1), \boldsymbol{\kappa}(2), \cdots, \boldsymbol{\kappa}(N)] \\
\boldsymbol{X}, \boldsymbol{\kappa} \geqslant 0; \boldsymbol{X} \in \mathbf{R}^N, \boldsymbol{\kappa} \in \mathbf{R}^N
\end{cases}
\tag{6-15}
$$

分析式(6-15)可知,互补约束故障区段定位模型中将离散决策空间松弛为连续寻优空间,并通过附加互补约束条件保证最优目标函数值所对应的因变量取值为 0 或 1,从而将含离散变量的故障定位模型等价影射转换到连续非线性优化模型。因此,互补约束模型的求解可完全在连续空间内进行,避免了对离散变量的直接决策,能有效降低定位模型故障决策时的复杂性。

6.2.4 互补约束故障定位模型的容错性

配电网自动化系统中 FTU 或 RTU 等自动化设备的运行受到多重因素影响,可能会导致故障报警信息上传缺失或畸变情况,因此配电网故障定位模型有必要具有较高的容错性能,即提高报警信息畸变下的定位准确率。下面将以单一故障为前提,利用图 5-1 分析所构建的互补约束故障定位模型的高容错性能。

因式(6-10)和式(6-15)为模型的等价变换,因此只要需对式(6-10)的容错性进行验证。假定馈线 5 故障,但此时 S_1 的电流越限信息出现畸变,即 I_{S_1} 的值为 0。基于式(6-1) ~ 式(6-7)分析,当 $x(5)$ 的值为 1 时,$[I_{S_5}-I_{S_5}(X)]^2$ 为最小值 0;当 $x(4)$ 的值为 0 时,$[I_{S_4}-I_{S_4}(X)]^2$ 为最小值 0。同理可得,当 $[I_{S_6}-I_{S_6}(X)]^2$、$[I_{S_7}-I_{S_7}(X)]^2$ 同时为 0 时,$x(6)$、$x(7)$ 的值都必须为 0。将上述已知馈线故障状态信息值代入式(6-3),可得到当 $x(3)$ 的值为 0 时,$[I_{S_3}-I_{S_3}(X)]^2$ 为最小值 0;同理可得,当 $x(2)$ 的值为 0 时,$[I_{S_2}-I_{S_2}(X)]^2$ 为最小值 0。将 $x(2)$ ~ $x(7)$ 代入式(6-1)可得到 $x(1)$ 的值为 0 时,$[I_{S_1}-I_{S_1}(X)]^2$ 为最小值 1,从而找到最佳反映上传报警信息的故障区段为馈线 5,和预设馈线故障区段一致。

因此,构建的配电网故障定位互补约束模型具有容错性能,能够有效提高电流越限报警信息畸变下故障定位的准确度,其模型的容错性将进一步通过仿真算例验证。

6.3 互补约束故障定位模型的光滑优化算法

互补约束优化问题任何可行点都不满足非线性规划约束规范,利用已有的非线性规划理论不能获得 KKT 条件下的局部最优点,最简单的线性互补约束优化也是一个 NP 难问题[4]。相关研究表明:互补约束的可行域结构不光滑特征是导致该类优化问题求解困难的根本原因。目前,基于光滑化的优化算法在互补约束优化模型求解时被广泛应用。本章基于扰动因子的 Fischer - Burmeister 辅助函数将互补约束故障定位模型光滑化,保证最优值收敛于B - 稳定点,进而利用二次规划进行决策。

根据文献[7],针对式(6-14)的互补约束条件,基于扰动因子的 Fischer - Burmeister 辅助函数 $\Phi_\varepsilon[x(i),\kappa(i)]$ 的数学模型可表示为

$$\Phi_\varepsilon[x(i),\kappa(i)] = x(i) + \kappa(i) - \sqrt{x(i)^2 + \kappa(i)^2 + 2\varepsilon(i)^2} \tag{6-16}$$

利用 $\Phi_\varepsilon[x(i),\kappa(i)] = 0$ 作为式(6-14)的替代约束条件,从而将互补约束定位模型光滑化。此时,通过对 $\Phi_\varepsilon[x(i),\kappa(i)] = 0$ 进一步深入分析可知,其实质上等价于:

$$x(i)\kappa(i) = \varepsilon(i)^2 \tag{6-17}$$

只有当 $\varepsilon(i) = 0$ 时,$\Phi_\varepsilon[x(i),\kappa(i)] = 0$ 和式(6-14)才完全等价,因故障定位模型的最优决策要严格满足互补约束条件,所以必须保证故障定位光滑模型的最优解在 $\varepsilon(i) = 0$ 时获得。依据文献[6]给出的光滑化模型的收敛性定理可得出以下结论:当 $\varepsilon(i) \to 0$ 时,则互补约束光滑模型的最优解渐近收敛于二阶必要条件的渐近稳定点。因此,在对故障定位光滑模型构建时,需保证优化过程中 $\varepsilon(i)$ 逐渐收敛于0。

本章通过将 $\varepsilon(i)$ 融入到目标函数中实现其逐渐收敛于0,构建的等效目标函数 $F(X,\kappa,\varepsilon)$ 要满足以下条件:

$$\begin{cases} F(X^*,\kappa^*,\varepsilon^*) \leqslant F(X^*,\kappa,\varepsilon) \leqslant F(X,\kappa,\varepsilon) \\ F(X^*,\kappa^*,\varepsilon^*) \leqslant F(X,\kappa^*,\varepsilon) \leqslant F(X,\kappa,\varepsilon) \\ F(X^*,\kappa^*,\varepsilon^*) \leqslant F(X,\kappa,\varepsilon^*) \leqslant F(X,\kappa,\varepsilon) \end{cases} \tag{6-18}$$

式(6-18)中,X^*,κ^*,ε^* 为 B - 稳定点所对应的最优决策,$\varepsilon = [\varepsilon(1),\varepsilon(2),\cdots,\varepsilon(N)]$。

基于上述思路,构建的故障定位光滑化模型的目标函数为

$$\begin{cases} \min F(X,\kappa,\varepsilon) = f(X) + \varphi(\varepsilon) \\ \varphi(\varepsilon) = \sum_{i=1}^{N} \varepsilon(i)^2 \end{cases} \tag{6-19}$$

根据式(6-8)和式(6-9)可知 $f(X) \geqslant 0$,$\varphi(\varepsilon)$ 为非负二次函数,且 $f(X)$ 和 $\varphi(\varepsilon)$ 可同时达到最小值0,因此式(6-19)满足式(6-18)的条件,即式(6-19)获得最优值时,$\varphi(\varepsilon) = 0$,理论上使得此时与互补约束优化模型具有相同的最优解。当信息畸变时,目标函数 $f(X)$ 最优值将大于0。为保证 $\varepsilon(i)$ 收敛于0,增加新的约束条件:

$$f(X)\varphi(\varepsilon) = 0 \tag{6-20}$$

因为同一馈线故障状态信息具有不兼容性,根据式(6-11),可将式(6-16)进一步简化为

$$\Phi_{\varepsilon}[x(i),\kappa(i)] = 1 - \sqrt{x(i)^2 + \kappa(i)^2 + 2\varepsilon(i)^2} \tag{6-21}$$

综上所述,互补约束故障定位的光滑化模型可表示为

$$\begin{cases} \min F(\boldsymbol{X},\boldsymbol{\kappa},\boldsymbol{\varepsilon}) = f(\boldsymbol{X}) + \varphi(\boldsymbol{\varepsilon}) \\ \varphi(\boldsymbol{\varepsilon}) = \sum_{i=1}^{N} \varepsilon(i)^2 \\ \boldsymbol{X} + \boldsymbol{\kappa} = 1 \\ 1 - \sqrt{\boldsymbol{X}^2 + \boldsymbol{\kappa}^2 + 2\boldsymbol{\varepsilon}^2} = 0 \\ f(\boldsymbol{X})\varphi(\boldsymbol{\varepsilon}) = 0 \\ \boldsymbol{X} = [x(1),x(2),\cdots,x(N)] \\ \boldsymbol{\kappa} = [\kappa(1),\kappa(2),\cdots,\kappa(N)] \\ \boldsymbol{\varepsilon} = [\varepsilon(1),\varepsilon(2),\cdots,\varepsilon(N)] \\ \boldsymbol{X},\boldsymbol{\kappa} \geqslant 0 \\ \boldsymbol{X} \in \mathbf{R}^N,\boldsymbol{\varepsilon} \in \mathbf{R}^N \end{cases} \tag{6-22}$$

然后,对式(6-22)可直接利用成熟的非线性规划算法进行优化决策。本章在 AMD E2 - 1800 CPU 1.70 GHz 的计算机平台上进行仿真,优化过程直接利用 Matlab2010a 中的非线性规划工具箱实现,采用连续二次规划进行决策计算。

6.4 配电网故障定位互补优化数学模型的有效性

6.4.1 简单辐射型配电网算例

以图 4-1 所示为简单的辐射型配电网为例进行分析:

(1)验证所建互补约束故障定位新模型可有效地实现无信息畸变下馈线故障的准确定位且具有高容错性能;

(2)验证非线性规划直接求解互补约束故障定位模型的无效性及所构建光滑化故障定位模型的正确合理性。

在无信息畸变情况下,分别对馈线 1 ~ 5 单一短路故障的情况进行仿真。决策变量初值全为 1,利用连续二次规划分别对互补模型[A,式(6-15)]和光滑模型[B,式(6-22)]优化决策。*YF*、*fit*、*Cv*、*FL* 分别表示预设故障位置、目标函数值、最大约束违背量和定位出的故障位置。表 6-2 为无信息畸变的故障定位仿真结果,图 6-1 为两类模型目标函数值优化过程。

表 6-2　无信息畸变的故障定位仿真结果

模型	*YF*	*fit*	*Cv*	*FL*	KKT 值
A	1	1	$6.145\ 21\times10^{-13}$	—	$4.000\ 24\times10^{-2}$
B	1	$2.236\ 71\times10^{-32}$	0	1	$4.470\ 79\times10^{-8}$
A	2	2	$6.145\ 21\times10^{-13}$	—	$1.021\ 77\times10^{-4}$
B	2	$1.137\ 12\times10^{-32}$	0	2	$4.470\ 35\times10^{-8}$
A	3	3	$6.145\ 21\times10^{-13}$	—	$4.489\ 07\times10^{-5}$
B	3	$4.549\ 25\times10^{-33}$	0	3	$2.235\ 65\times10^{-8}$
A	4	4	$6.145\ 21\times10^{-13}$	—	$1.203\ 48\times10^{-5}$
B	4	$2.269\ 83\times10^{-34}$	0	4	0
A	5	5	$6.145\ 21\times10^{-13}$	—	$8.401\ 18\times10^{-6}$
B	5	$3.623\ 75\times10^{-13}$	0	5	$1.065\ 01\times10^{-6}$

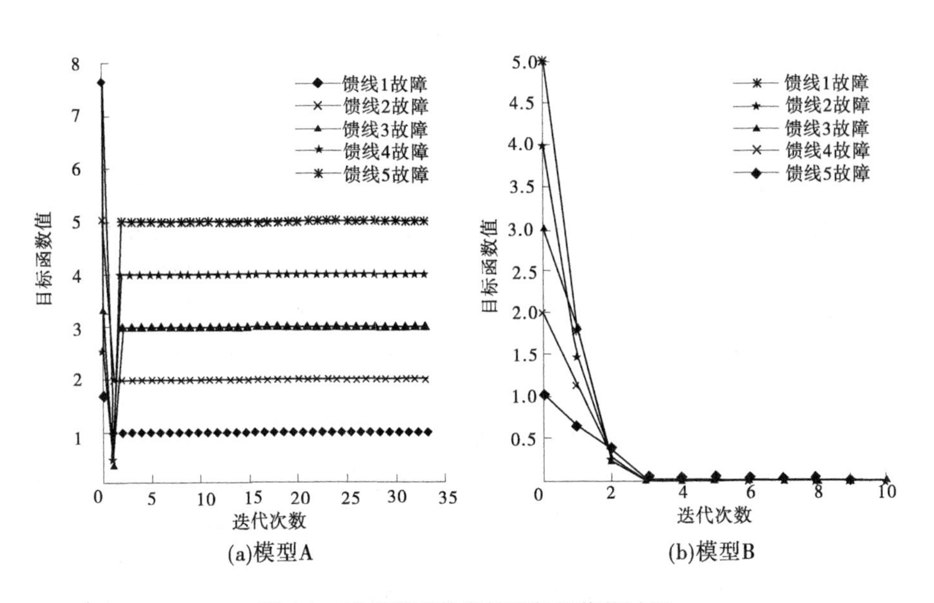

图 6-1　两类模型的目标函数值优化过程

由表 6-2 和图 6-1 可以看出，在无信息畸变情况下，配电网互补约束故障定位模型能够准确地辨识出发生短路故障的馈线区段。但是，若采用非线性规划对故障定位模型直接求解，因互补约束模型的不光滑特性，将导致满足

KKT 一阶最优条件下的目标函数值并非最优，从而无法正确定位出馈线的故障位置。仿真表明，采用本章带有扰动因子的光滑化模型时，直接利用成熟的非线性规划可准确识别出无信息畸变时的馈线故障区段，表明基于辅助函数的互补约束故障定位模型的光滑优化算法的可行性和有效性，也进一步表明所建互补约束故障定位模型对无信息畸变时故障区段定位的有效性。

为说明本章所建配电网故障定位互补约束模型及其光滑化算法在容错性方面的有效性，以馈线 5 短路故障为例，对具有 1 位和 2 位信息畸变时的情况进行分析，决策变量初值全为 1。表 6-3 为信息畸变下的故障定位仿真结果。

表 6-3　信息畸变下的故障定位仿真结果

畸变位	*fit*	*Cv*	*FL*	KKT 值	故障状态值	$\varphi(\varepsilon)$值
S_1	1	2.18707×10^{-12}	5	1.48976×10^{-8}	[0 0 0 0 1]	0
S_2	1	7.77632×10^{-11}	5	1.26395×10^{-8}	[0 0 0 0 1]	0
S_3	1	0	5	4.44089×10^{-16}	[0 0 0 0 1]	0
S_4	1	4.9999×10^{-5}	3 或 5	1.999 82	[0 0 1 0 0]	0
S_1、S_2	2	6.11511×10^{-13}	5	4	[0 0 0 0 1]	0
S_1、S_3	2	0	5	0	[0 0 0 0 1]	0
S_2、S_3	2	1.59×10^{-6}	1 或 5	3.999 96	[1 0 0 0 0]	0

根据表 6-3 中仿真结果，当具有 1 位信息畸变，且畸变位分别为 S_1、S_2、S_3 时，$\varphi(\varepsilon)$值为 0，目标函数值为最小值 1，能够准确地辨识出短路故障发生在馈线 5；当畸变位发生在 S_4 时，依据图 6-1 可知 S_4、S_5 相邻，实际运行中有可能是 S_4 或 S_5 发生畸变，因此可能是馈线 3 或馈线 5 发生短路故障。本章中决策变量值虽然仅定位出馈线 3 发生故障，此时，与 S_1、S_2、S_3 发生信息畸变时的 KKT 值比较，其值不为 0，根据此可预测其下游馈线 5 也可能发生故障。当具有 2 位信息畸变，且畸变位分别为 S_1 和 S_2、S_1 和 S_3 时，$\varphi(\varepsilon)$值为 0，目标函数值为最小值 2，能够准确地辨识出短路故障发生在馈线 5；当畸变位发生在 S_2 和 S_3 时，依据图 4-1 可知实际运行中有可能是 S_2、S_3 或变 S_4、S_5 同时发生畸变，因此可能是馈线 1 或馈线 5 发生短路故障。本章中决策变量值虽然仅定位出馈线 1 发生故障，此时，与 S_1 和 S_2、S_1 和 S_3 发生信息畸变时的 KKT 值比较，其值不为 0，根据此可预测其下游馈线 5 也可能发生故障。因此，表 6-3 中故障定位结果是正确合理的。

根据文献[7-11]的仿真结果，只要相邻畸变信息位总数小于下游非畸变位总数，即可以准确定位出故障区段；但是当相邻畸变信息位总数大于或等于下游非畸变位总数时，因为群体智能算法没有提供 KKT 信息值将仅能给出一种故障定位结果，可能造成故障区段的错判或漏判。而本章可利用决策变量值和 KKT 条件值是否为零，判断出所有可能发生故障的区段。

根据上面分析可知，本章所构建的互补约束故障定位模型具有高的容错性，同时，也进一步验证本章所采用的光滑优化算法能有效实现故障定位模型的优化决策和故障辨识时的优越性。

6.4.2 与基于群体智能算法的故障定位方法比较

表 6-4 针对基于逻辑关系描述的配电网故障间接定位方法，根据文献[1-3,7-11]所提供的算例和仿真结果，从模型、决策方法、算法稳定性、故障辨识准确性几方面进行了总结。

表 6-4 基于逻辑关系的配电网故障定位间接方法

文献	模型	算例规模	可用算法	文献算法	是否会误判	稳定性
[1]~[3]	逻辑模型	19 节点	群体智能	遗传算法	是	不稳定
[7]	逻辑模型	20 节点	群体智能	蚁群算法	是	不稳定
[8]	逻辑模型	19 节点	群体智能	仿电磁学算法	是	不稳定
[9]	逻辑模型	11 节点	群体智能	免疫算法	是	不稳定
[10]	逻辑模型	28 节点	群体智能	蝙蝠算法	是	不稳定
[11]	逻辑模型	33 节点	群体智能	和声算法	是	不稳定

根据表 6-4 可以看出：

(1) 当前的配电网故障定位间接方法主要基于逻辑关系进行建模；

(2) 必须利用群体智能算法进行优化决策；

(3) 群体智能算法的优化过程稳定性差，存在过早收敛或陷入局部最优情况，即便对小规模配电网故障定位时也会出现误判和漏判，因此该类方法对大型配电网的馈线故障定位问题适应性差，更容易出现故障区段的错误辨识，难以在大规模配电网中应用。

由 6.2.2 节和 6.2.3 节可知，本章所建配电网故障定位模型是基于代数关系描述，可避开群体智能算法的应用，能够采用成熟的非线性规划直接进行决策求解。根据6.4.1节仿真结果可知，采用非线性规划对非逻辑故障定位模型决策时，具有稳定性好的优点，不容易出现误判，所构建的配电网故障定位互补约束新模型，可准确地找到馈线故障发生区段。

6.4.3 大型配电网故障定位中的应用

将图4-1所示辐射型配电网简单地拓展为1 000节点的大型配电网，并分别对预设馈线1、馈线500、馈线1 000故障下无报警信息畸变的情况进行仿真。表6-5为大型配电网仿真结果，图6-2为大型配电网故障定位优化过程。

表6-5 大型配电网故障定位仿真结果

YF	*fit*	*Cv*	*FL*	KKT值
1	$4.575\,73\times10^{-2}$	$6.762\,7\times10^{-12}$	1	$2.104\,9\times10^{-3}$
500	$3.658\,97\times10^{-2}$	$2.871\,21\times10^{-9}$	500	$1.198\,04\times10^{-3}$
1 000	$4.575\,02\times10^{-2}$	$6.167\,87\times10^{-11}$	1 000	$7.724\,75\times10^{-4}$

由表6-5易于看出，本章所提出的基于光滑化算法的配电网故障定位互补约束模型，应用于大规模馈线故障辨识中是有效的，能够准确地定位出其短路故障位置。由图6-2可知，针对1 000节点的配电网，采用连续二次规划优化决策时，迭代次数不超过50次。对于相同预设故障，通过多次从不同初始迭代点进行仿真，结果表明都可准确地找到馈线故障区段，本算例中优化迭代次数约50次，平均故障定位时间不超过2 min。

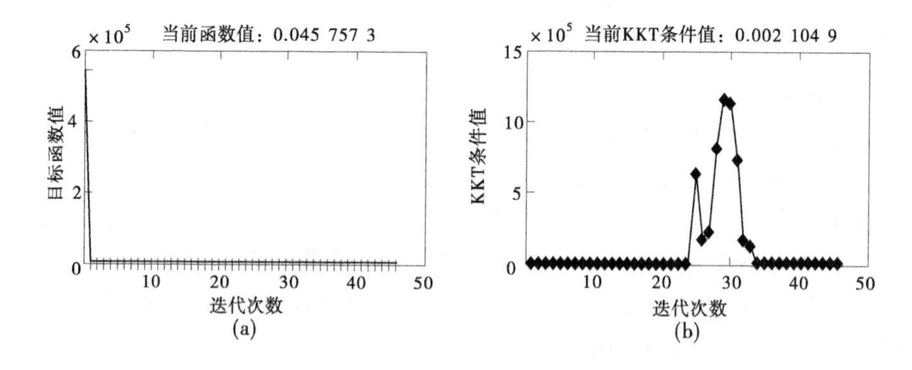

图6-2 大型配电网故障定位优化过程

6.5 配电网馈线故障辨识的互补优化技术工程方案

6.5.1 配电网故障定位装置的技术方案

配电网馈线故障辨识的互补优化方法的技术方案是:一种配电网馈线区域故障容错性自动定位系统,包括状态监控系统、网络拓扑辨识系统、信息处理模块和故障定位模块。所述状态监控系统、网络拓扑辨识系统均与 FTU 终端相连接,FTU 终端与配电网相连接;所述状态监控系统分别与网络拓扑辨识系统、信息处理模块相连接,网络拓扑辨识系统与信息处理模块相连接,信息处理模块与故障定位模块相连接。

进一步,所述状态监控系统通过 FTU 终端实现对配电网运行状态信息、自动化开关动作信息的采集和传输,状态监控系统为配电网 SCADA 平台。

进一步,所述网络拓扑辨识系统通过 FTU 终端能动态跟踪配电网拓扑结构的变化,网络拓扑辨识系统为 GIS 平台。

进一步,所述信息处理模块实现对故障电流的辨识、对网络拓扑的简化,信息处理模块为可视化的信息处理平台。

进一步,所述故障定位模块利用代数关系描述和内点法实现对馈线故障区段的定位。

进一步,所述状态监控系统通过通讯模块与信息处理模块相连接,信息处理模块通过通讯模块与故障定位模块相连接。

进一步,所述通讯模块为无线通讯单元或有线通讯单元。

与现有技术相比,所述的配电网馈线故障区段辨识技术方案能够直接利用配电网 SCADA 平台和 GIS 平台,可极大地降低故障定位系统的开发建设成本,且因采用内点法和配电网拓扑简化,在进行配电网故障定位时具有快速高效、高容错性、强适应性,适用于大规模配电网在线故障定位,能够有效避免停电范围的扩大,极大地提高了供电的安全可靠性、工程适应性。

6.5.2 配电网故障定位装置的具体实施方式

为了更清楚地说明上述配电网馈线故障区段辨识技术中的技术方案,下面将结合图 6-3 和图 6-4 对具体实施方式进行进一步的阐述。

6.5.2.1 实施例 1

如图 6-3 所示,一种配电网馈线区域故障容错性自动定位系统,包括状态信息监控系统1、网络拓扑辨识系统2、信息处理模块3和故障定位模块4。状态信息监控系统1、网络拓扑辨识系统2均与FTU终端6相连接,FTU终端6与配电网5相连接;状态信息监控系统1分别与网络拓扑辨识系统2、信息处理模块3相连接,网络拓扑辨识系统2与信息处理模块3相连接,信息处理模块3与故障定位模块4相连接。

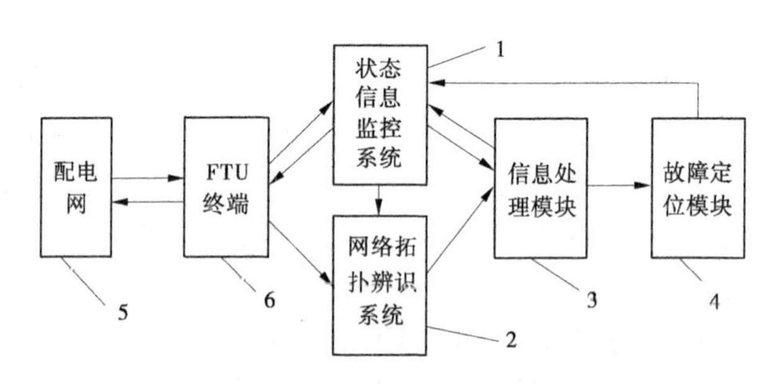

图6-3　配电网馈线故障定位装置实施例1

状态信息监控系统1通过FTU终端6实现对配电网运行状态信息、自动化开关动作信息的采集和数据传输,以及与网络拓扑辨识系统2、信息处理模块3间的协调与控制。状态信息监控系统1通过通讯模块与信息处理模块3相连接,信息处理模块3通过通讯模块与故障定位模块4相连接。通讯模块为无线通讯单元或有线通讯单元。状态信息监控系统1实时基于FTU终端6监视配电网电流状态信息、自动化开关的动作信息,并可通过有线/无线通讯模式将配电网电流状态信息实时送至信息处理模块3,将自动化开关的动作信息以有线/无线通讯模式送至网络拓扑辨识系统2。

网络拓扑辨识系统2通过FTU终端6能动态跟踪配电网拓扑结构的变化,以及与状态信息监控系统1、信息处理模块3间的交互式协调。网络拓扑辨识系统2根据状态信息监控系统1监测的自动化开关信息动态生成网络拓扑并对其进行存储,且将其送至信息处理模块3。

信息处理模块3实现对故障电流的辨识、对网络拓扑的简化,以及与状态信息监控系统1、网络拓扑辨识系统2间的交互式协调。基于比较原理,信息处理模块3找出故障电流越限信息的位置,生成具有二进制编码的故障电流越限信息,基于独立配电区域和电流越限信息故障定位模块4能够快速高效地实现对馈线故障区段的辨识,并具有强的自适应性、可靠性和高容错性,可与信息处理模块3间交互式协调。故障定位模块4,利用逼近关系理论实现高容错性,基于代数关系的非线性最优化方法实现馈线故障的定位。

6.5.2.2　**实施例2**

如图6-4所示,一种配电网馈线区域故障容错性自动定位系统,包括状态信息监控系统、网络拓扑辨识系统、信息处理模块和故障定位模块。状态信息监控系统、网络拓扑辨识系统均与FTU终端相连接,FTU终端与配电网相连接;状态信息监控系统与信息处理模块相连接,网络拓扑辨识系统与信息处理模块相连接,信息处理模块与故障定位模块相连接。

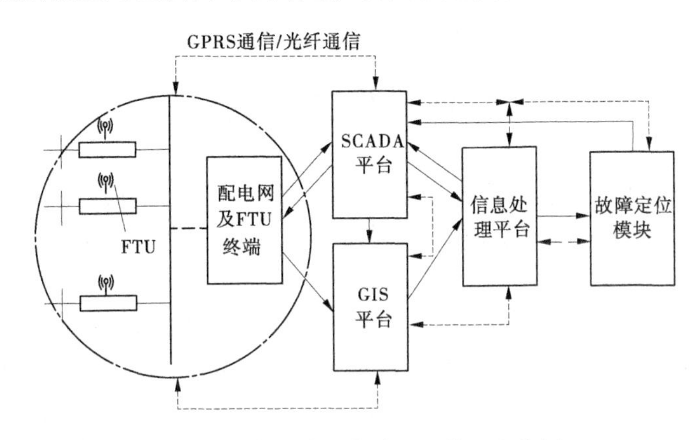

图6-4　配电网馈线故障定位装置实施例2

状态信息监控系统为GIS平台,网络拓扑辨识系统为GIS平台,信息处理模块为可视化的信息处理平台。故障辨识模块利用代数关系描述和内点法实现对馈线故障区段的定位。

SCADA平台通过GPRS通信或光纤通信采集配电网的电流状态信息、自动化开关的动作信息、线路或设备的编号信息,并通过GPRS通信或光纤通信将电流状态信息送至基于可视化的信息处理平台。当存在自动化开关动作信息时,将开关动作信息送至GIS平台。

SCADA平台通过GPRS通信或光纤通信采集到故障定位模块的定位结果时,通过GPRS通信或光纤通信向配电网的自动化开关信息发送动作指令,隔离相应故障。

GIS平台通过GPRS通信或光纤通信采集配电网的初始拓扑的位置、电源点与电气连接信息,当GIS平台通过GPRS通信或光纤通信采集到SCADA平台采集的自动化开关动作信息时,动态形成配电网的新拓扑信息,并将其通过GPRS通信或光纤通信送至可视化的信息处理平台。

基于可视化的信息处理平台接收到电流状态信息存在越限信息时,辨识出故障电流越限信号位置。可视化的信息处理平台以进线断路器(电源点)

为标志划分独立配电区域。可视化的信息处理平台利用有电流越限信息的独立配电区域存在故障的思想,舍弃非故障独立配电区域以实现网络拓扑简化,将简化后的拓扑和电流越限信息利用 GPRS 通信或光纤通信送至故障定位模块。

故障定位模块基于逼近关系描述和最优化建模原理,建立优化目标最小化的故障定位模型并采用内点法实现故障定位,将故障定位结果利用 GPRS 通信或光纤通信送至 SCADA 平台。

6.6 本章小结

针对智能配电网背景下基于智能化终端设备 FTU 的馈线故障的在线故障定位问题,围绕着配电网馈线故障辨识的互补优化技术,本章主要做了以下工作:

(1)针对基于互补优化的配电网故障定位数学模型,详细阐述了建模基本思想、模型参数确定和编码、基于代数关系描述的开关函数模型构建方法;详细论述了基于代数关系描述的配电网故障定位非线性整数规划数学模型构建方法,在此基础上基于互补约束等价转换思想提出配电网故障定位的互补优化模型。

(2)从理论上分析了配电网故障定位互补优化模型的容错性和有效性,并通过典型的配电网进行仿真验证模型在故障定位时的正确性和有效性。

(3)详细阐述了基于互补优化的配电网故障定位数学模型工程技术方案,并进一步论述了配电网故障定位装置的具体实施方式。

参考文献

[1] 杜红卫,孙雅明,刘弘靖,等.基于遗传算法的配电网故障定位和隔离[J].电网技术,2000,25(5):52-55.

[2] 卫志农,何桦,郑玉平.配电网故障区间定位的高级遗传算法[J].中国电机工程学报,2002,22(4):127-130.

[3] 郭壮志,陈波,刘灿萍,等.基于遗传算法的配电网故障定位[J].电网技术,2007,31(11):88-92.

[4] Luo Z Q, pang J S, Ralph D. Mathematical programs with Equilibrium Contraints[M]. Cambrige:Cambrige University Press, 1996.

[5] Ferris M C,Pang J S. Engineering and economic applications of complementarity problems

[J]. SIAM Review,1997,39(4):669-713.

[6] Yin H X,Zhang J Z. Global convergence of a smooth approximation method for mathematical with complementarity constraints [J]. Mathematical Methods of Operations Research, 2006, 64:255-269.

[7] 陈歆技,丁同奎,张钊. 蚁群算法在配电网故障定位中的应用[J]. 电力系统自动化,2006,30(5):74-77.

[8] 郭壮志,吴杰康. 配电网故障区间定位的仿电磁学算法[J]. 中国电机工程学报,2010,30(13):34-40.

[9] 郑涛,潘玉美,郭昆亚,等. 基于免疫算法的配电网故障定位方法研究[J]. 电力系统继电保护与控制,2014,42(1):77-83.

[10] 付家才,陆青松. 基于蝙蝠算法的配电网故障区间定位[J]. 电力系统继电保护与控制,2015,43(16):100-105.

[11] 刘蓓,汪沨,陈春,等. 和声算法在含 DG 配电网故障定位中的应用[J]. 电工技术学报,2013,28(5): 280-286.

第7章　配电网馈线故障辨识的方程组模型及牛顿－拉夫逊算法

7.1　引　言

第6章基于代数关系理论提出了无需直接对离散变量进行决策、故障辨识效率更高且可直接利用非线性规划算法——内点法进行馈线故障区段辨识的互补优化技术，但因所建互补优化模型还不够完善，还存在以下几点不足：

(1)仅能够应用于馈线单一故障区段辨识，当发生馈线多重故障时将出现误判现象；

(2)当其馈线故障信息畸变时，辨识存在缺陷的智能化终端设备FTU位置时条件复杂，并且当发生多重馈线区段故障时判定准则失效；

(3)互补优化的光滑化算法存在数值稳定性问题，初始点的选择影响到馈线故障区段的误判现象。

本章将在第6章基础上，进一步对基于代数关系理论的馈线区段故障辨识方法进行研究，以单一故障假设为前提，首先建立无畸变故障电流信息情况下配电网故障区段定位的线性方程组模型。再在此基础上，利用互补约束条件、光滑互补函数和最优化极值理论，构建了电流信息畸变情况下故障辅助因子数学模型，进而建立具有高容错性特征的非线性方程组描述的配电网故障定位新模型，并采用牛顿－拉夫逊法进行求解，具有2阶收敛特性，能够有效实现多重馈线短路故障区段的辨识。

7.2　无信息畸变时的故障定位线性方程组模型

7.2.1　故障报警信息与设备状态编码方法

在正常运行时，配电系统无电流越限情况；配电网发生故障时，监控节点处FTU等自动化设备将会检测到短路故障过电流，并通过远程通讯设备将带时标的故障报警信息上传到控制主站。可以看出，无需知道过电流的具体量值,只要依据 FTU 等是否监测到过电流即可判定配电网是否发生短路故障。因此,可采用故障和正常两种状态来描述故障报警信息情况,本章采用 0 表示无故障报警信息,采用 1 表示控制主站收到时标报警信息。

本章仍然采用文献[1－8]的间接建模方法,其本质上是利用假定馈线故障时所造成的电流越限信息逼近时标过电流报警信息。因此,可利用正常和故障来表示馈线所在区段是否发生故障。本章以馈线支路的故障状态信息作为内生变量,并采用 0－1 离散值进行变量编码,数字 0 表示馈线区段运行正常,数字 1 表示馈线区段发生故障。

7.2.2 配电网故障区段定位的线性方程组模型

首先采用因果关联分析理论找出与监控点上传故障报警信息直接相关的所有可能故障设备,即因果关联设备;然后基于单一馈线故障假设和故障诊断最小集理论建立开关函数代数关系模型。$\boldsymbol{\Omega}_i$ 为自动化开关 i 的因果设备集,$K_{\boldsymbol{\Omega}_i}$ 为 $\boldsymbol{\Omega}_i$ 中因果设备数。依据第 6 章开关模型的构建方法,当具有 N 个自动化监控终端时,基于代数关系描述的开关函数数学模型可表示为

$$\begin{cases} I_{\mathrm{S}_i}(X) = \sum_{k=1}^{K_{\boldsymbol{\Omega}_i}} x(k) \\ i = 1,2,\cdots,N; x \in \boldsymbol{\Omega} \end{cases} \tag{7-1}$$

配电网故障定位间接方法的最终目的是找出相应发生故障的设备,其最能解释所有上传的故障电流报警信息。因此,建立数学模型合理有效地描述馈线运行状态与时标过电流报警信息间的耦合关联关系,则成为定位故障馈线的关键。在数值分析中,采用样本点残差平方和衡量样本值与理想值间的一致逼近程度,其优点在于可对称考虑正负偏差。因此,本章中采用残差平方和来衡量开关函数和上传报警信息间的逼近程度。$I_{\mathrm{S}_i}^*$ 为自动化开关 i 上传的报警信息,其逼近数学模型可表示为

$$f(X) = \min \sum_{i=1}^{N} \delta_i^2 = \min \sum_{i=1}^{N} [I_{\mathrm{S}_i}(X) - I_{\mathrm{S}_i}^*]^2 \tag{7-2}$$

在无报警信息畸变情况下,当找到最佳故障设备时,应使所有上传的报警信息与开关函数间的总偏差为零,即 $f(X)$ 的值为 0,否则将会导致馈线故障区段的错误辨识。由式(7-2)可知,只有当所有 δ_i 的值为 0 时,$f(X)$ 的值才为 0。在无信息畸变情况下,准确定位出故障馈线时,以下等式关系必然满足:

$$\delta_i = I_{\mathrm{S}_i}(X) - I_{\mathrm{S}_i}^* = 0 \tag{7-3}$$

根据式(7-3)可用来辨识无信息畸变时的馈线故障区段。无信息畸变时

的故障区段定位的线性方程组模型可表示为

$$\begin{cases} \boldsymbol{AX} = \boldsymbol{I}_{\mathrm{S}}^{*} \\ \boldsymbol{A} \in \mathbf{R}^{N\times N}; a_{i,j} = 0/1 \in \boldsymbol{A} \\ \boldsymbol{X} = [x(1), x(2), \cdots, x(N)]^{\mathrm{T}} \\ \boldsymbol{I}_{\mathrm{S}}^{*} = [I_{\mathrm{S}_1}^{*}, I_{\mathrm{S}_2}^{*}, \cdots, I_{\mathrm{S}_N}^{*}]^{\mathrm{T}} \\ i = 1,2,\cdots,N;\ j = 1,2,\cdots,N \end{cases} \tag{7-4}$$

7.2.3　故障定位线性方程组模型的适应能力分析

式(7-4)所建故障定位线性方程组新模型,能正确辨识馈线故障区段需满足以下条件:

(1)方程组的解必须存在且具有唯一性;

(2)方程组解集中自变量值只能为0或1;

(3)数值1所对应的故障馈线应和预设故障具有一一对应关系。

下面以图4-1所示的配电网为例分析新故障定位模型的适应性。

在无信息畸变情况下,假定馈线5发生故障,则故障定位线性方程组中:

$$\boldsymbol{I}_{\mathrm{S}}^{*} = [1\quad 1\quad 1\quad 1\quad 1]^{\mathrm{T}} \tag{7-5}$$

$$\boldsymbol{A} = \begin{bmatrix} 1 & 1 & 1 & 1 & 1 \\ 0 & 1 & 1 & 1 & 1 \\ 0 & 0 & 1 & 1 & 1 \\ 0 & 0 & 0 & 1 & 1 \\ 0 & 0 & 0 & 0 & 1 \end{bmatrix} \tag{7-6}$$

利用线性代数行初等变换可得到矩阵 $\boldsymbol{A}$ 的秩 $R(\boldsymbol{A})$ 和增广矩阵 $(\boldsymbol{A}|\boldsymbol{I}_{S}^{*})$ 的秩 $R(\boldsymbol{A}|\boldsymbol{I}_{S}^{*})$ 相等且等于变量的个数。根据线性方程组解的唯一性存在定理可知[9],馈线5故障时配电网故障区段定位线性方程组模型具有唯一解。系数矩阵 $\boldsymbol{A}$ 是上三角矩阵,利用数值计算方法中线性方程组求解的前推回代算法易于得到故障定位线性方程组的解为

$$\boldsymbol{X} = [0\quad 0\quad 0\quad 0\quad 1]^{\mathrm{T}} \tag{7-7}$$

由式(7-7)可知,满足自变量的值只能为0或1。且依据1.2节的编码方法可辨识出馈线5发生短路,与预设故障一致。同理,可验证预设故障在馈线1~4时能够准确定位出馈线故障区段。因此,在无信息畸变情况下,所建故障定位线性方程组模型对于短路故障辨识具有强的适应性,能够精确地定位出故障所发生的区段。

配电网自动化设备的运行环境比较恶劣,监控终端容易出现故障报警信息上传缺失或畸变情况。预设馈线 5 发生短路故障,若 $\boldsymbol{I}_{\mathrm{S}}^{*}=[1\quad 0\quad 1\quad 1\quad 1]^{\mathrm{T}}$,即 S_2 的电流越限信息出现畸变,此时系数矩阵 $\boldsymbol{A}$ 仍然为式(7-6)。按照无信息畸变时的分析方法,此时配电网故障区段定位线性方程组模型具有唯一解,其方程组的解为

$$\boldsymbol{X}=[1\quad -1\quad 0\quad 0\quad 1]^{\mathrm{T}} \tag{7-8}$$

从式(7-8)可看出,依据编码方法将会判定出馈线 1 和 5 发生故障,出现了误判情况。同理,可分析其他畸变情况下也难以准确定位出短路故障馈线。因此,可看出所建的故障定位线性方程组模型缺乏对信息畸变时的适应性,必须在此基础上构建具有容错性能的故障定位模型。

7.3 基于辅助因子的故障定位容错性方程组模型

根据式(7-8)可以看出,在信息畸变情况下已经不能保证方程组解的取值为 0 或 1,从而导致误判。本节将建立具有容错性能的故障定位非线性方程组模型,建模的基本思路为:首先,对自变量的取值进行约束,即融入 0 - 1 离散约束条件;其次,建立偏差平方和最小的互补约束优化模型;再次,利用光滑优化辅助函数构建残差平方和最小的连续空间非线性规划模型;最后,基于 KKT 条件构建容错故障定位模型的容错因子,建立高容错性配电网故障辨识的非线性方程组模型。

依据 7.2 小节理论分析和馈线状态约束限制,构建的残差平方和最小优化模型为

$$\begin{cases} f(X)=\min\sum_{i=1}^{N}[I_{\mathrm{S}_i}(X)-I_{\mathrm{S}_i}^{*}]^2 \\ \boldsymbol{X}=[x(1),x(2),\cdots,x(N)],X\in\{0,1\} \end{cases} \tag{7-9}$$

实际上,馈线的故障信息状态具有互斥性,即同一馈线故障状态 $x(i)$ 取值不能同时为 0 或 1,因此,可构建辅助互补约束条件,将式(7-9)等价影射为连续空间的残差平方和最小优化模型。其馈线状态离散约束的互补模型为

$$X\perp(1-X)=0 \tag{7-10}$$

由式(7-10)可看出在优化过程中无需要求自变量的离散性,在获得最优解时都可保证最终的决策变量值为 0 或 1。连续空间的残差平方和最小的互补约束优化模型可表示为

$$
\begin{cases}
f(X) = \min \sum_{i=1}^{N} [I_{S_i}(X) - I_{S_i}^*]^2 \\
X \perp (1 - X) = 0
\end{cases}
\tag{7-11}
$$

简单线性互补约束优化也是一 NP 难问题，互补光滑函数可等价代替互补约束条件，使其可等价转化为一般非线性规划问题。这不仅可使可行点满足非线性约束规格，而且便于利用原优化问题获得最优值时的等效 KKT 必要条件。本章将利用互补光滑函数优化模型的 KKT 条件构建故障辅助因子。

常用的互补函数为 Fischer – Burmeister 函数，即 $\Phi_{FB}(a,b) = a + b - \sqrt{a^2 + b^2}$，其具有扰动因子的互补光滑函数的数学模型通常为

$$
\Phi_{FB}(\mu,a,b) = a + b - \sqrt{a^2 + b^2 + 4\mu^2} \quad (\mu,a,b) \in \mathbf{R}^3 \tag{7-12}
$$

根据文献[9]定理，当 $\mu \to 0$ 时，式(7-12)等价于：

$$
a \geqslant 0, b \geqslant 0, ab = 0 \tag{7-13}
$$

利用 $\Phi_{FB}(\mu,a,b) = 0$ 作为式(7-11)的替代约束条件，从而将互补约束定位模型光滑化，式(7-11)转化为

$$
\begin{cases}
f(X) = \min \sum_{i=1}^{N} \delta_i^2 = \min \sum_{i=1}^{N} [I_{S_i}(X) - I_{S_i}^*]^2 \\
\Phi_{FB}(\mu, X, 1 - X) = 1 - \sqrt{X^2 + (1 - X)^2 + 4\mu^2} = 0
\end{cases}
\tag{7-14}
$$

依据文献[10]给出的光滑优化模型收敛定理可得出结论：当 $\mu \to 0$ 时，则互补约束光滑模型最优解渐近收敛于二阶必要条件的渐近稳定点。因此，可构造拉格朗日函数确定 KKT 条件，将优化问题(7-14)等价地转化为带有非负参数 μ 的光滑方程组，其数学模型为

$$
\begin{cases}
2[I_{S_i}(X) - I_{S_i}^*] \dfrac{\partial I_{S_i}(X)}{\partial x(i)} - \dfrac{[1 - 2x(i)]\lambda_i}{\sqrt{x(i)^2 + [1 - x(i)]^2 + 4\mu^2}} = 0 \\
1 - \sqrt{x(i)^2 + [1 - x(i)]^2 + 4\mu^2} = 0 \\
\mu = 0 \\
i = 1, 2, \cdots, N
\end{cases}
\tag{7-15}
$$

令：

$$
\nabla_X L(X,\lambda,\mu) = 2[I_S(X) - I_S^*] \frac{\partial I_S(X)}{\partial X} - \frac{(1 - 2X)\lambda}{\sqrt{X^2 + (1 - X)^2 + 4\mu^2}} \tag{7-16}
$$

c 为加速因子，依据文献[11]的光滑重构方法，通过加入正则因子 μ 来改善算法的全局收敛性和数值计算效果，可得到式(7-15)的光滑重构方程组

$H(Z)$为

$$H(Z)=\begin{bmatrix}\nabla_X L(X,\lambda,\mu)\\ \Phi_{FB}(\mu,X,1-X)\\ \mu\end{bmatrix}+c\mu\begin{bmatrix}X\\ \lambda\\ 0\end{bmatrix} \tag{7-17}$$

根据式(7-9)中目标函数的二次形式及无信息畸变下故障定位线性方程组的数学模型式(7-4)可将式(7-17)的数学模型写成以下标准型:

$$H(X,\lambda,\mu)=\begin{bmatrix}A&0&0\\0&0&0\\0&0&0\end{bmatrix}\begin{bmatrix}X\\ \lambda\\ \mu\end{bmatrix}+\begin{bmatrix}I_S^*+c\mu X\\ \Phi_{FB}(\mu,X,1-X)+c\mu\lambda\\ \mu\end{bmatrix} \tag{7-18}$$

式(7-18)的值等于0,即为信息畸变下配电网故障定位的非线性方程组模型,即

$$H(X,\lambda,\mu)=0 \tag{7-19}$$

与式(7-4)相比增加了3部分,其中μ与$\Phi_{FB}(\mu,X,1-X)+c\mu\lambda$是为了保证式(7-10)在找到方程组解集时离散约束条件成立,而$c\mu X$是为了提高报警信息畸变情况下故障定位模型的容错性能,本章定义为故障辅助因子。

7.4 配电网故障定位非线性方程组求解的牛顿-拉夫逊算法

式(7-19)是最高次为2次的非线性方程组,本章采用牛顿-拉夫逊算法进行求解,具体算法迭代求解数学模型的推导原理可参阅数值计算方法教材[12]。牛顿-拉夫逊算法用于故障定位模型迭代求解的数学模型可表示为

$$\begin{bmatrix}H_1(X^{(k)},\lambda^{(k)},\mu^{(k)})\\ H_2(X^{(k)},\lambda^{(k)},\mu^{(k)})\\ \vdots\\ H_{2N+1}(X^{(k)},\lambda^{(k)},\mu^{(k)})\end{bmatrix}=-\begin{bmatrix}\nabla_X H_1&\nabla_\lambda H_1&\nabla_\mu H_1\\ \nabla_X H_2&\nabla_\lambda H_2&\nabla_\mu H_2\\ \vdots&\vdots&\vdots\\ \nabla_X H_{2N+1}&\nabla_\lambda H_{2N+1}&\nabla_\mu H_{2N+1}\end{bmatrix}\begin{bmatrix}\Delta X^{(k)}\\ \Delta\lambda^{(k)}\\ \Delta\mu^{(k)}\end{bmatrix} \tag{7-20}$$

$$\begin{bmatrix}X^{(k+1)}\\ \lambda^{(k+1)}\\ \mu^{(k+1)}\end{bmatrix}=\begin{bmatrix}X^{(k)}\\ \lambda^{(k)}\\ \mu^{(k)}\end{bmatrix}+\begin{bmatrix}\Delta X^{(k)}\\ \Delta\lambda^{(k)}\\ \Delta\mu^{(k)}\end{bmatrix} \tag{7-21}$$

故障定位的基本步骤如下:

步骤1:选取$c\in(0,5,2)$,$(X^{(0)},\lambda^{(0)},\mu^{(0)})=1$。

步骤 2：判断 $\| H(X^{(k)},\lambda^{(k)},\mu^{(k)}) \|_2$的值，若其值为 0，算法终止；否则转入步骤 3。

步骤 3：利用式(7-20)计算$[\Delta X^{(k)},\Delta\lambda^{(k)},\Delta\mu^{(k)}]^{\mathrm{T}}$。

步骤 4：利用式(7-21)计算$[X^{(k+1)},\lambda^{(k+1)},\mu^{(k+1)}]^{\mathrm{T}}$，并计算$\| H(X^{(k)},\lambda^{(k)},\mu^{(k)}) \|_2$的值，转到步骤 2。

因故障定位模型 $H(X,\lambda,\mu)=0$ 的自变量最高次数为 2，(X^*,λ^*,μ^*)为其不动点，依据牛顿－拉夫逊算法的迭代公式和收敛阶的定义，可证明此时算法具有 2 阶收敛特性。详细证明过程可参阅文献[12]。

7.5 配电网故障定位的辅助因子模型有效性

7.5.1 简单辐射型配电网算例

图 4-1 所示简单的辐射型配电网为例进行仿真。根据第 7.2 节理论分析部分可知，在无信息畸变时线性方程组模型可准确辨识出馈线短路区段。因此，只验证在无信息畸变和有信息畸变情况下基于辅助因子的配电网故障定位非线性方程组模型的有效性。

在无信息畸变情况下，分别对馈线 1 ~ 5 单一短路故障的情况进行仿真。自变量初值全为 1，加速因子 c 的初始化值为 1.5，算法终止条件 $\Delta\| H(X^{(k)},\lambda^{(k)},\mu^{(k)}) \|_2$ 的值小于 1×10^{-6}，最大迭代次数为 100，只要满足上述其中一个条件，算法终止。表 7-1 为无信息畸变时的故障定位仿真结果。

根据表 7-1 可以看出，在无报警信息畸变情况下，基于辅助因子的配电网故障定位非线性方程组模型可准确地辨识出馈线故障区段。此时，拉格朗日乘子向量 λ 为零向量，正则因子 μ 的值等于零，与式(7-4)对比可知，非线性方程组模型等价于无信息畸变下的故障定位线性方程组模型。因此，其可准确地定位出馈线的故障区段。观察定位出故障区段时算法 KKT 值，易于看出其满足式(7-14)目标函数获得极值时的 KKT 条件。另外，在 5 种预设故障下，找到故障区段时算法的迭代次数不超过 12 次，表明算法搜索效率高。

在有电流报警越限信息畸变情况下，分别针对具有 1 ~3 位信息畸变的情况进行仿真，参数初始化值和算法终止条件与无信息畸变情况时相同。表 7-2 为信息畸变情况下的故障定位仿真结果。

表 7-1 无信息畸变情况下的故障定位仿真结果

预设故障	$x(1)$	$x(2)$	$x(3)$	$x(4)$	$x(5)$	$\lambda(1)$	$\lambda(2)$	$\lambda(3)$	$\lambda(4)$	$\lambda(5)$	μ	KKT 值	故障区段	迭代次数
馈线 1	1	0	0	0	0	0	0	0	0	0	0	$6.585\,85 \times 10^{-14}$	馈线 1	11
馈线 2	0	1	0	0	0	0	0	0	0	0	0	$3.658\,64 \times 10^{-8}$	馈线 2	12
馈线 3	0	0	1	0	0	0	0	0	0	0	0	$3.935\,63 \times 10^{-12}$	馈线 3	9
馈线 4	0	0	0	1	0	0	0	0	0	0	0	$1.992\,75 \times 10^{-8}$	馈线 4	8
馈线 5	0	0	0	0	1	0	0	0	0	0	0	$4.278\,34 \times 10^{-9}$	馈线 5	8

表 7-2 信息畸变情况下的故障定位仿真结果

预设故障	畸变位	$x(1)$	$x(2)$	$x(3)$	$x(4)$	$x(5)$	$\lambda(1)$	$\lambda(2)$	$\lambda(3)$	$\lambda(4)$	$\lambda(5)$	μ	KKT 值	故障区段	迭代次数
馈线 2	S_1	0	1	0	0	0	2	0	0	0	0	0	$5.393\,36 \times 10^{-9}$	馈线 2	9
馈线 3	S_1	0	0	1	0	0	2	0	0	0	0	0	$7.203\,13 \times 10^{-13}$	馈线 3	11
馈线 3	S_2	0	0	1	0	0	0	2	0	0	0	0	$3.110\,71 \times 10^{-10}$	馈线 3	12
馈线 4	S_1	0	0	0	1	0	2	0	0	0	0	0	$8.722\,04 \times 10^{-10}$	馈线 4	9
馈线 4	S_2	0	0	0	1	0	0	2	0	0	0	0	$3.645\,26 \times 10^{-13}$	馈线 4	13
馈线 4	S_3	0	0	0	1	0	0	0	2	0	0	0	$1.341\,54 \times 10^{-9}$	馈线 4	12
馈线 4	S_1、S_2	0	0	0	1	0	2	2	0	0	0	0	$6.426\,22 \times 10^{-7}$	馈线 4	11
馈线 4	S_1、S_3	0	0	0	1	0	2	0	2	0	0	0	$8.862\,88 \times 10^{-9}$	馈线 4	11
馈线 5	S_1	0	0	0	0	1	2	0	0	0	0	0	$6.820\,37 \times 10^{-11}$	馈线 5	9
馈线 5	S_2	0	0	0	0	1	0	2	0	0	0	0	$5.645\,64 \times 10^{-8}$	馈线 5	10
馈线 5	S_3	0	0	0	0	1	0	0	2	0	0	0	$7.307\,39 \times 10^{-11}$	馈线 5	11
馈线 5	S_1、S_2	0	0	0	0	1	2	2	0	0	0	0	$1.636\,05 \times 10^{-10}$	馈线 5	9
馈线 5	S_1、S_3	0	0	0	0	1	2	0	2	0	0	0	$3.361\,03 \times 10^{-10}$	馈线 5	11
馈线 5	S_1、S_4	0	0	0	0	1	2	0	0	2	0	0	$7.691\,48 \times 10^{-10}$	馈线 5	11
馈线 5	S_2、S_3	0	0	0	0	1	0	2	2	0	0	0	$5.714\,63 \times 10^{-11}$	馈线 5	11
馈线 5	S_2、S_4	0	0	0	0	1	0	2	0	2	0	0	$9.914\,87 \times 10^{-11}$	馈线 5	11
馈线 5	S_3、S_4	0	0	0	0	1	0	0	2	2	0	0	$3.864\,91 \times 10^{-9}$	馈线 5	11
馈线 5	S_1、S_2、S_3	0	0	0	0	1	2	2	2	0	0	0	$7.083\,29 \times 10^{-9}$	馈线 5	8
馈线 5	S_1、S_2、S_4	0	0	0	0	1	2	2	0	2	0	0	$4.280\,03 \times 10^{-10}$	馈线 5	11

根据表 7-2 可以看出,在有 1 ~ 3 位电流越限报警信息畸变情况下,基于辅助因子的配电网故障定位非线性方程组模型同样可准确地辨识出馈线故障区段。此时,正则因子 μ 的值等于零,但拉格朗日乘子向量 λ 不再为零向量。对 λ 向量观察易知,在简单辐射配电网中,其非零元素刚好对应畸变位,其物

理意义在于为保证信息畸变情况下自变量离散取值下等式成立而通过辅助因子进行的动态调整,同时可对报警信息畸变位置进行准确辨识,为监测装置的维护和检查提供依据。

观察定位出故障区段时算法 KKT 值,易于看出其满足式(7-14)目标函数获得极值时的 KKT 条件。另外,在 5 种预设故障下,找到故障区段时算法的迭代次数不超过 12 次,表明算法搜索效率高。同时与无信息畸变情况下的算法迭代次数相比基本保持不变,显示算法具有很好的稳定性。

7.5.2 含耦合节点的 7 节点配电网算例

为进一步验证基于辅助因子配电网故障定位非线性方程组模型的合理性与有效性,对图 5-1 具有 T 型耦合节点的配电网进行仿真。

无信息畸变情况下,分别对馈线 1 ~7 单一短路故障和双重故障的情况进行仿真,参数初始化值和算法终止条件与 7.3 节相同。

根据表 7-3 可以看出,在无报警信息畸变情况下,针对含 T 型耦合节点的配电网,基于辅助因子故障定位非线性方程组模型可准确地辨识出馈线故障区段,且可以实现双重故障的准确定位。此时,正则因子 μ 的值等于零。在单一故障下,非线性方程组模型等价于无信息畸变下的故障定位线性方程组模型式(7-4)。但式(7-4)在多重故障下将会误判故障馈线位置,而非线性方程组模型因加入辅助因子,能实现对多重故障的准确辨识,其是与式(7-4)相比在无信息畸变情况下的优点显著。观察定位出故障区段时算法的 KKT 值,易于看出其满足式(7-4)目标函数获得极值时的 KKT 条件。另外,在 5 种预设故障下,找到故障区段时算法的迭代次数不超过 10 次,表明算法搜索效率高。

表 7-4 为有电流越限报警信息下部分典型故障情况的仿真结果。根据表 7-4可以看出,在有 1 ~3 位电流越限报警信息畸变情况下,基于辅助因子的配电网故障定位非线性方程组模型同样可准确地辨识出含 T 型耦合节点配电网的单一和多重馈线故障区段。此时,正则因子 μ 的值等于零,但拉格朗日乘子向量 λ 不再为零向量。对 λ 向量观察易知,单一故障下其非零元素刚好对应畸变位,但在双重故障下,λ 的非零元素已无上述含义,其物理意义在于为保证信息畸变情况下自变量离散取值下等式成立而通过辅助因子进行的动态调整。

观察定位出故障区段时算法 KKT 值,易于看出其满足式(7-4)目标函数获得极值时的 KKT 条件。另外,在 5 种预设故障下,找到故障区段时算法的迭代次数不超过 11 次,表明算法搜索效率高。同时与无信息畸变情况下的算法迭代次数相比基本保持不变,显示算法具有很好的数值稳定性。

表 7-3　无信息畸变的故障定位仿真结果

预设故障	$x(1)$	$x(2)$	$x(3)$	$x(4)$	$x(5)$	$x(6)$	$x(7)$	$\lambda(1)$	$\lambda(2)$	$\lambda(3)$	$\lambda(4)$	$\lambda(5)$	$\lambda(6)$	$\lambda(7)$	μ	KKT 值	故障区段	迭代次数
馈线 1	1	0	0	0	0	0	0	0	0	0	0	0	0	0	0	1.32643×10^{-10}	馈线 1	9
馈线 2	0	1	0	0	0	0	0	0	0	0	0	0	0	0	0	3.90975×10^{-9}	馈线 2	9
馈线 3	0	0	1	0	0	0	0	0	0	0	0	0	0	0	0	3.00449×10^{-12}	馈线 3	9
馈线 4	0	0	0	1	0	0	0	0	0	0	0	0	0	0	0	6.60195×10^{-11}	馈线 4	8
馈线 5	0	0	0	0	1	0	0	0	0	0	0	0	0	0	0	4.63743×10^{-9}	馈线 5	8
馈线 6	0	0	0	0	0	1	0	0	0	0	0	0	0	0	0	6.6019×10^{-11}	馈线 5	8
馈线 7	0	0	0	0	0	0	1	0	0	0	0	0	0	0	0	4.63743×10^{-9}	馈线 5	8
馈线 5、6	0	0	0	0	1	1	0	2	2	2	0	0	0	0	0	2.99984×10^{-7}	馈线 5、6	8
馈线 5、7	0	0	0	0	1	0	1	2	2	2	0	0	0	0	0	1.06168×10^{-9}	馈线 5、7	8

表 7-4　信息畸变下的故障定位仿真结果

预设故障	畸变位	$x(1)$	$x(2)$	$x(3)$	$x(4)$	$x(5)$	$x(6)$	$x(7)$	$\lambda(1)$	$\lambda(2)$	$\lambda(3)$	$\lambda(4)$	$\lambda(5)$	$\lambda(6)$	$\lambda(7)$	μ	KKT 值	故障区段	迭代次数
馈线 2	S_1	0	1	0	0	0	0	0	2	0	0	0	0	0	0	0	1.74776×10^{-9}	馈线 2	10
馈线 3	S_1	0	0	1	0	0	0	0	2	0	0	0	0	0	0	0	4.36508×10^{-9}	馈线 3	11
馈线 3	S_2	0	0	1	0	0	0	0	0	2	0	0	0	0	0	0	5.11543×10^{-8}	馈线 3	10
馈线 4	S_2	0	0	0	1	0	0	0	0	2	0	0	0	0	0	0	9.95402×10^{-11}	馈线 4	8
馈线 4	S_3	0	0	0	1	0	0	0	0	0	2	0	0	0	0	0	3.04973×10^{-11}	馈线 4	8
馈线 4	S_1、S_2	0	0	0	1	0	0	0	2	2	0	0	0	0	0	0	3.4459×10^{-9}	馈线 4	8
馈线 4	S_1、S_3	0	0	0	1	0	0	0	2	0	2	0	0	0	0	0	3.87337×10^{-9}	馈线 4	8
馈线 5	S_1、S_2	0	0	0	0	1	0	0	2	2	0	0	0	0	0	0	1.1687×10^{-9}	馈线 5	8
馈线 5	S_1、S_3	0	0	0	0	1	0	0	2	0	2	0	0	0	0	0	9.14791×10^{-10}	馈线 5	8
馈线 5	S_1、S_4	0	0	0	0	1	0	0	2	0	0	2	0	0	0	0	1.27076×10^{-8}	馈线 5	6
馈线 5、7	S_2、S_3	0	0	0	0	1	0	1	2	4	4	0	0	0	0	0	8.88178×10^{-15}	馈线 5、7	7
馈线 5、7	S_2、S_4	0	0	0	0	1	0	1	2	4	2	2	0	0	0	0	2.94233×10^{-8}	馈线 5、7	8
馈线 5、7	S_3、S_4	0	0	0	0	1	0	1	2	2	4	2	0	0	0	0	6.30607×10^{-14}	馈线 5、7	9
馈线 5、7	S_1、S_2、S_3	0	0	0	0	1	0	1	4	4	4	0	0	0	0	0	1.77636×10^{-13}	馈线 5、7	7
馈线 5、7	S_1、S_2、S_4	0	0	0	0	1	0	1	4	4	2	2	0	0	0	0	1.06581×10^{-14}	馈线 5,7	7

7.6 配电网馈线故障辨识的辅助因子技术工程方案

7.6.1 配电网故障定位装置的技术方案

配电网馈线故障辨识的辅助因子方法的技术方案是：一种配电网故障在线智能诊断系统,包括电网监测模块、数据传输模块、信息处理模块、故障诊断模块和管理控制模块。电网监测模块的输入端与配电网相连接,电网监测模块的输出端与数据传输模块相连接,数据传输模块的输出端与信息处理模块的输入端相连接,信息处理模块的输出端与故障诊断模块的输入端相连接,数据传输模块、信息处理模块、故障诊断模块的输出端均与管理控制模块相连接。

进一步地,所述电网监测模块包括电流监测模块和网络拓扑监测模块。电流监测模块、网络拓扑监测模块的输入端均与配电网相连接,电流监测模块与网络拓扑监测模块相连接,电流监测模块、网络拓扑监测模块的输出端与数据传输模块相连接。

进一步地,所述电流监测模块采用 FTU 监控终端实现,电流监测模块安装于配电网各馈线的自动化开关处,电流监测模块用于监测馈线节点的工频故障过电流。

进一步地,所述网络拓扑监测模块采用 16 位微控制器 MAXQ2000 实现。

进一步地,所述数据传输模块通过 FTU 区域工作站实现,数据传输模块包含光缆通信网络和若干个并行光缆通信接口。

进一步地,所述信息处理模块包括逻辑比较器、时钟同步装置、DSP 和存储设备。逻辑比较器输入端与数据传输模块相连接,逻辑比较器输出端与存储设备、DSP 相连接,DSP 与时钟同步装置、故障诊断模块相连,时钟同步装置与管理控制模块相连接。逻辑比较器用于电流越限信息的生成;时钟同步装置采用电子计数器实现,为电网监测模块的电流监测模块的电流信号采集提供周期同步控制信号;DSP 基于数据传输模块共享的电流与节点的连接与动作信息,建立配电网全网拓扑结构连接关系集及因果关联设备集;存储设备采用 ROM 实现,用于电流越限信息集和配电网拓扑辨识结果的存储。

进一步地,所述故障诊断模块采用 DSP 和基于故障辅助因子的非线性方程组模型及牛顿 - 拉夫逊算法,实现对 FTU 的状态评估和配电网馈线区段定位。

进一步地，所述管理控制模块采用高性能计算机并基于 Windows 的可视化平台实现。

有益效果：所述的配电网馈线故障区段辨识技术方案采用馈线拓扑的就地监测和区域整合的方案，可简单高效地实现配电网拓扑的动态追踪。进行配电网故障定位时，利用 DSP 采用代数关系描述和逼近关系建模，并采用具有二阶收敛特性的牛顿－拉夫逊算法求解决策。在进行配电网故障定位时具有效率高、容错性强、对多重故障强适应性、数值稳定性好等特点，可应用于大规模配电网的在线短路故障诊断。同时，故障诊断模块利用故障位置和拉格朗日乘子信息能够实现 FTU 信息畸变位置的准确辨识，为 FTU 的状态检修提供了理论指导。

7.6.2 配电网故障定位装置的具体实施方式

为了更清楚地说明上述配电网馈线故障区段辨识技术中的技术方案，下面将结合图 7-1 和图 7-2 对具体实施方式进行进一步的阐述。

7.6.2.1 实施例 1

如图 7-1 所示，一种配电网故障在线智能诊断系统，包括电网监测模块 1、数据传输模块 2、信息处理模块 3、故障诊断模块 4 和管理控制模块 5。电网监测模块 1 的输入端与配电网 6 相连接，电网监测模块 1 的输出端与数据传输模块 2 的输入端相连接；数据传输模块 2 的输出端与信息处理模块 3 的输入端相连接；信息处理模块 3 的输出端与故障诊断模块 4 的输入端相连接；数据传输模块 2、信息处理模块 3、故障诊断模块 4 的输出端均与管理控制模块 5 相连接。

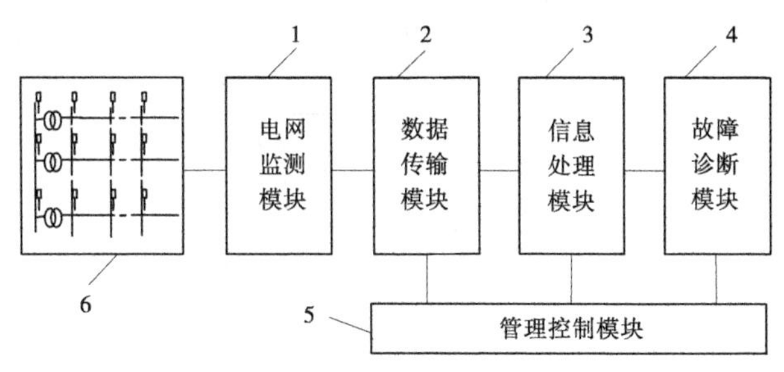

图 7-1 配电网馈线故障定位装置实施例 1

工作过程：电网监测装置 1 动态检测配电网 6 的监测点的电流和配电网的拓扑结构变化情况，若存在故障过电流或拓扑结构变化情况，通过数据传输模块 2 将故障过电流或拓扑结构变化情况上传至信息处理模块 3，实现信息共享；信息处理模块 3 通过信息处理装置自动形成配电网全网拓扑结构连接关系集及因果关联设备集，并将其上传至故障诊断模块 4；故障诊断模块 4 通过基于故障辅助因子的配电网故障定位算法找出馈线故障位置和拉格朗日乘子的值，基于拉格朗日乘子法和故障位置信息辨识出有潜在缺陷的 FTU 位置，实现对 FTU 的状态评估，并将其上传至管理控制模块 5；管理控制模块 5 依据故障诊断模块 4 的定位结果和缺陷 FTU 状态评估结果，发出故障隔离指令，隔离馈线故障，并生成资源抢修调度和工作票，完成线路的故障检修和 FTU 缺陷装置的状态检修。

7.6.2.2　**实施例 2**

如图 7-2 所示，一种配电网故障在线智能诊断系统，包括电网监测模块 1、数据传输模块 2、信息处理模块 3、故障诊断模块 4 和管理控制模块 5。电网监测模块 1 的输入端与配电网 6 相连接；电网监测模块 1 的输出端与数据传输模块 2 的输入端相连接，数据传输模块 2 的输出端与信息处理模块 3 的输入端相连接；信息处理模块 3 的输出端与故障诊断模块 4 的输入端相连接；数据传输模块 2、信息处理模块 3、故障诊断模块 4 的输出端均与管理控制模块 5 相连接。

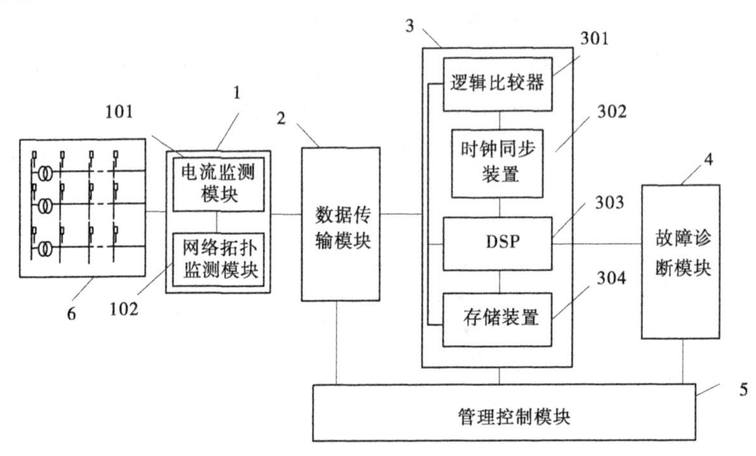

图 7-2　配电网馈线故障定位装置实施例 2

优选地，电网监测模块 1 包括电流监测模块 101 和网络拓扑监测模块 102。电流监测模块 101、网络拓扑监测模块 102 的输入端与配电网 6 相连接，电流监测模块 101 与网络拓扑监测模块 102 相连接，电流监测模块 101、网络拓扑监测模块 102 的输出端与数据传输模块 2 相连接。

电流监测模块 101 采用 FTU 监控终端实现,并安装于配电网各馈线自动化开关处,用于监测馈线节点的工频故障过电流。网络拓扑监测模块 102 采用 16 位微控制器 MAXQ2000 实现,优势在于可依据需要进行动态程序修改并支持高效快速地处理数据,与 FTU 监控终端一起安装于配电网各馈线自动化开关处,用于监测馈线节点处自动化开关的动作与连接情况,高效追踪网络拓扑变化。

优选地,所述数据传输模块 2 通过 FTU 区域工作站实现,包含光缆通信网络和若干个并行光缆通信接口。数据传输模块 2 采用通用的 SC11801、CDT、DNP、Modbus 和 μ4F 规约实现对信息处理模块的信息转发与共享。

优选地,所述信息处理模块 3 采用逻辑比较器 301、时钟同步装置 302、DSP 303 和存储设备 304 共同实现。逻辑比较器 301 输入端与数据传输模块 2 相连接,逻辑比较器 301 输出端与存储设备 304、DSP 303 相连,DSP 303 与时钟同步装置 302、故障诊断模块 4 相连,时钟同步装置 302 与管理控制模块 5 相连接。逻辑比较器 301 用于电流越限信息的生成,时钟同步装置 302 采用电子计数器实现,为电流监测模块的电流信号采集提供周期同步控制信号。DSP 303 利用其高速的信号处理特性,基于数据传输模块共享的电流与节点的连接与动作信息,采用图论邻接矩阵描述,建立配电网全网拓扑结构连接关系集及因果关联设备集。存储设备 304 采用 ROM 实现,用于电流越限信息集和配电网拓扑辨识结果的存储。

优选地,所述故障诊断模块 4 采用 DSP 实现,采用基于故障辅助因子的非线性方程组模型和牛顿 - 拉夫逊 2 阶收敛迭代算法实现,从而得到故障定位结果,基于拉格朗日乘子法和故障位置信息辨识出有潜在缺陷的 FTU 位置,实现对 FTU 的状态评估。

优选地,所述管理控制模块 5 采用高性能计算机并基于 Windows 的可视化平台实现,利用 VC + + 编程完成其控制和管理功能。控制功能主要实现电流参考量、FTU 地址和节点编号的设置、配电网故障隔离等远程动作控制指令的发出、信息的主动读取;管理功能主要实现潜在缺陷 FTU 状态检修计划的生成与执行。

7.7 本章小结

针对智能配电网背景下基于智能化终端设备 FTU 的馈线故障的在线故

障定位问题，围绕着配电网馈线故障辨识的辅助因子技术，本章主要做了以下工作：

(1)针对基于辅助因子的配电网故障定位数学模型，详细阐述了建模基本思想、模型参数确定和编码、基于代数关系描述的开关函数模型构建方法；详细论述了配电网故障定位线性方程组数学模型构建方法，并在此基础上基于互补约束等价转换思想提出配电网故障辨识的辅助因子技术；阐述了模型决策求解的牛顿－拉夫逊算法。

(2)从理论上分析了配电网故障定位线性方程组模型的容错性和有效性，并通过典型的配电网进行仿真验证模型在故障定位时的正确性和有效性。

(3)详细阐述了基于辅助因子的配电网故障定位数学模型工程技术方案，并进一步论述了配电网故障定位装置的具体实施方式。

参考文献

[1] 杜红卫，孙雅明，刘弘靖，等. 基于遗传算法的配电网故障定位和隔离[J]. 电网技术，2000,25(5):52-55.

[2] 卫志农，何桦，郑玉平. 配电网故障区间定位的高级遗传算法[J]. 中国电机工程学报，2002,22(4):127-130.

[3] 郭壮志，陈波，刘灿萍，等. 基于遗传算法的配电网故障定位[J]. 电网技术，2007,31(11):88-92.

[4] 陈歆技，丁同奎，张钊. 蚁群算法在配电网故障定位中的应用[J]. 电力系统自动化，2006,30(5):74-77.

[5] 郭壮志，吴杰康. 配电网故障区间定位的仿电磁学算法[J]. 中国电机工程学报，2010,30(13):34-40.

[6] 郑涛，潘玉美，郭昆亚，等. 基于免疫算法的配电网故障定位方法研究[J]. 电力系统继电保护与控制，2014,42(1):77-83.

[7] 付家才，陆青松. 基于蝙蝠算法的配电网故障区间定位[J]. 电力系统继电保护与控制，2015,43(16):100-105.

[8] 刘蓓，汪沨，陈春，等. 和声算法在含 DG 配电网故障定位中的应用[J]. 电工技术学报，2013,28(5): 280-286.

[9] Ferris M C, Pang J S. Engineering and economic applications of complementarity problems [J]. SIAM Review, 1997, 39(4):669-713.

[10] Yin H X, Zhang J Z. Global convergence of a smooth approximation method for mathematical with complementarity constraints [J]. Mathematical Methods of Operations Research, 2006, 64:255-269.

[11] Huang Z H, Qi L Q, Sun D F. Sub-quadratic convergence of a smoothing Newton algorithm for the P0-and monotone LCP[J]. Mathematical Programming, 2004, 99(3): 423-441.
[12] 令锋,傅守忠,陈树敏,等.数值计算方法[M].北京:国防工业出版社,2012.

第 8 章　配电网故障定位的层级模型和预测校正算法

8.1 引　言

第 7 章中进一步对基于代数关系理论的馈线区段故障辨识方法进行研究,其以单一故障假设为前提,构建了电流信息畸变情况下故障辅助因子数学模型,并构建了具有高容错性特征的非线性方程组描述的配电网故障定位新模型,并采用牛顿 - 拉夫逊法算进行求解,具有 2 阶收敛特性,且具有一定的多重馈线短路故障区段辨识能力。但第 7 章中所提出的方法存在建模过程复杂,多重故障辨识能力仍然不强,算法收敛性依赖于初始点的选择等情况。因此,本章在第 7 章的基础上进一步研究基于代数关系建模的配电网多重故障辨识的层级模型和具有良好收敛性能的预测校正算法。

本章借鉴第 7 章中基于代数关系的配电网故障定位优化模型连续空间建模方法优势,利用分层解耦策略,构建适应于单重故障和多重故障辨识的配电网故障定位层级模型,提出模型求解的预测校正算法。其特点在于:

(1)预测阶段直接利用非线性规划决策;

(2)在校正阶段直接对预测阶段的结果进行四舍五入取整计算,从而高效地辨识出故障发生区段;

(3)不增加变量和约束条件数;

(4)具有容错性和多重故障定位能力。

其配电网故障定位模型建模总体思路为:首先,分析代数关系互补约束故障定位模型多重故障定位的不完备性原因;其次,提出配电网层级划分原理,构建开关函数模型;最后,基于最佳逼近关系理论,建立解耦策略与代数关系描述的配电网故障定位模型。

8.2 互补约束故障定位模型多重故障辨识的不完备性

以图 8-1 为例简要说明代数关系互补约束故障定位模型的建模方法,并分析其在多重故障定位方面具有不完备性。

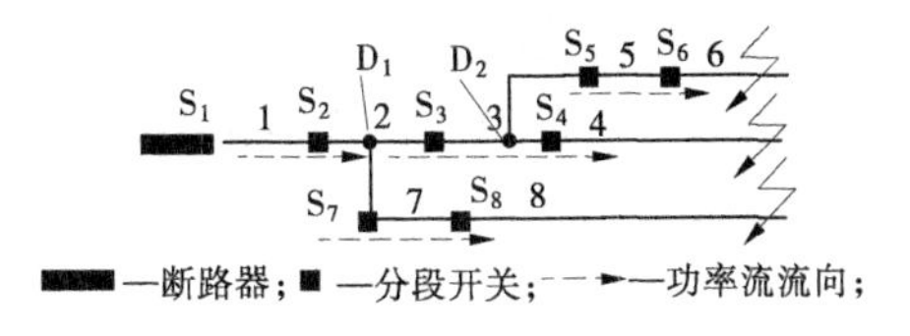

图 8-1　单电源 T 型耦合节点配电网

8.2.1　基于代数关系的互补约束故障定位模型建模

依据文献[1-8]，基于最优化技术的配电网故障定位模型包含开关函数和逼近关系故障定位优化模型。为对互补约束故障定位模型的不完备性进行分析，首先依据文献[9,10]简要阐述其建模方法。

8.2.1.1　基于代数关系的开关函数建模

基于图连通性和电力功率流的传输特性，依据因果关联分析，建立自动化设备因果设备集。$A \mapsto B$ 表示馈线 B 紧邻馈线 A，且功率流由 A 流向 B。表 8-1 为图 8-1 所示配电网的因果关联设备集。

表 8-1　因果设备关联信息

自动化开关	因果设备与顺序
断路器 S_1	馈线 $1 \mapsto 2 \mapsto 3 \mapsto 4 \mapsto 5 \mapsto 6 \mapsto 7 \mapsto 8$
分段开关 S_2	馈线 $2 \mapsto 3 \mapsto 4 \mapsto 5 \mapsto 6 \mapsto 7 \mapsto 8$
分段开关 S_3	馈线 $3 \mapsto 4 \mapsto 5 \mapsto 6$
分段开关 S_4	馈线 4
分段开关 S_5	馈线 $5 \mapsto 6$
分段开关 S_6	馈线 6
分段开关 S_7	馈线 $7 \mapsto 8$
分段开关 S_8	馈线 8

依据表 8-1 中各开关因果设备关联关系，利用代数加法运算（+）替代文献[1-8]中的逻辑或运算表征因果设备与监控点上传报警信息的因果联系。若

$\boldsymbol{X} = [x(1), x(2), \cdots, x(8)]$为馈线故障状态集,$I_1(\boldsymbol{X}) \sim I_8(\boldsymbol{X})$分别表示自动化开关$S_1 \sim S_8$的电流越限信息的开关函数,$x(1) \sim x(8)$分别为馈线1~8的馈线状态信息,则开关函数$I_1(\boldsymbol{X}) \sim I_8(\boldsymbol{X})$的数学模型为

$$I_1(\boldsymbol{X}) = x(1) + x(2) + x(3) + x(4) + x(5) + x(6) + x(7) + x(8) \tag{8-1}$$

$$I_2(\boldsymbol{X}) = x(2) + x(3) + x(4) + x(5) + x(6) + x(7) + x(8) \tag{8-2}$$

$$I_3(\boldsymbol{X}) = x(3) + x(4) + x(5) + x(6) \tag{8-3}$$

$$I_4(\boldsymbol{X}) = x(4) \tag{8-4}$$

$$I_5(\boldsymbol{X}) = x(5) + x(6) \tag{8-5}$$

$$I_6(\boldsymbol{X}) = x(6) \tag{8-6}$$

$$I_7(\boldsymbol{X}) = x(7) + x(8) \tag{8-7}$$

$$I_8(\boldsymbol{X}) = x(8) \tag{8-8}$$

8.2.1.2 逼近关系故障定位互补约束优化模型

采用$\boldsymbol{I}^* = [I_1 \quad I_2 \quad I_3 \quad I_4 \quad I_5 \quad I_6 \quad I_7 \quad I_8]$表示电流越限报警集,假定馈线4、6、8同时发生故障且报警信息无畸变,则I^*的元素全为1,依据文献[14-21]的逼近关系故障诊断优化目标建模原理,基于文献[22-23]的代数关系建模方法,利用文献[23]的离散变量的互补约束等价转换方法,建立的连续空间的逼近关系故障定位互补优化模型为

$$\begin{cases} \min f(\boldsymbol{X}) = \sum_{i=1}^{8} [I_i(\boldsymbol{X}) - 1]^2 \\ \text{s.t. } \boldsymbol{X} \perp (1 - \boldsymbol{X}) = 0 \\ \boldsymbol{X} = [x(1), x(2), \cdots, x(8)] \end{cases} \tag{8-9}$$

8.2.2 互补约束故障定位模型不完备性分析

理论上,基于代数关系的互补约束故障定位模型式(8-9)在多重故障定位时,如果具有完备性,则馈线4、6、8同时发生故障时,通过优化计算最终确定满足约束条件的馈线故障状态集应为$\boldsymbol{X} = [0 \quad 0 \quad 0 \quad 1 \quad 0 \quad 1 \quad 0 \quad 1]$。此时,通过将$\boldsymbol{X}$值代入式(8-1)~式(8-9),可获得式(8-9)目标函数值为

$$f(\boldsymbol{X}) = \sum_{i=1}^{8} [I_i(\boldsymbol{X}) - 1]^2 = 9 \tag{8-10}$$

依据互补约束故障定位模型优化求解方法,得到满足互补约束条件下式(8-10)的最小目标函数值为3,此时确定的馈线故障状态集为$\boldsymbol{X}$ =

[0 0 0 0 0 1 0 1],因此互补约束故障定位模型的建模方案还存在不合理性,从而导致对馈线 4 处故障的漏判,其缺乏对多重故障的适应能力。

8.2.3 互补约束故障定位模型不完备性原因分析

图 8-1 中,D_1、D_2分别表示 T 型耦合节点 2 和 3,以馈线 4、6、8 同时发生故障为例分析式(8-9)在多重故障定位时存在不完备性的原因。

耦合节点 D_1、D_2的存在使得馈线 4、馈线 6 和馈线 8 故障时相互间不存在因果关联关系,但是其具有共同的因果设备。例如,馈线 4、馈线 6 是 S_3的因果设备,馈线 4、馈线 6 和馈线 8 又是 S_1、S_2的因果设备。上述关系通过开关函数式(8-1)~式(8-8)中的加法运算(+)联系在一起:从电学角度上反映了馈线 4、馈线 6 和馈线 8 同时故障时故障电流状态的并联叠加特性,即多重故障对因果设备的耦合作用特性;从数学角度上加法运算(+),实现 $\boldsymbol{X}$ 中非零关联元素的代数相加计算。但互补约束故障定位模型在进行电流越限信息报警集$\boldsymbol{I}^*$ 的构建时,仅采用正常(0)和故障(1)两种状态构建,不能有效反映馈线 4、馈线 6 和馈线 8 同时故障时的并联叠加特性对过电流大小的影响,从而导致互补约束故障定位模型式(8-9)对多重故障的定位能力缺乏适应性。

8.3 配电网分层解耦理论

依据 8.2 节分析可知,保障电流越限信息报警集$\boldsymbol{I}^*$ 和相互独立馈线支路间故障电流信号并联叠加特性的一致性,是实现多重故障准确辨识的前提。实现方法主要有:

(1)直接法,即对电流越限信息报警集 $\boldsymbol{I}^*$ 的直接解析建模;

(2)间接法,即建立的开关函数消除支路间故障电流信号的并联叠加特性。

直接法理论上可行,但要建立反映支路并联叠加特性的电流越限信息报警集 $\boldsymbol{I}^*$ 的解析模型将会非常复杂,且会改变优化模型的特性,增加决策优化过程难度,因此本章采用间接法实现。

进行间接法建模时,首先依据配电网馈线支路优先级,建立配电网分层解耦模型。T 型耦合节点处两条馈线支路 A 和 B 的优先级定义为:以功率流方向为正方向,若 B 处于 A 下游,称 A 优先级高于 B;若 A 和 B 的功率流互不影响,称具有相同优先级。依据优先级定义,含有耦合节点的辐射型配电网分层解耦方法为:以耦合节点为标志,若支路另一端与电源相连,则耦合节点与电源间支路构成一个独立区域;若支路另一端与耦合节点相连,两个耦合节点间的馈线构成一个独立区域;若支路另一端无电源点或耦合节点,则耦合节点与支路末端节点间的馈线支路构成一个独立区域;然后,按照优先级从高到低的方向编号,对于优先级相等的独立区域为相同层级,从而实现了耦合节点相连支路的物理分层解耦。图 8-2 所示为针对图 1 含 T 型耦合节点配电网所构建的分层解耦结构,分为Ⅰ、Ⅱ、Ⅲ三级。

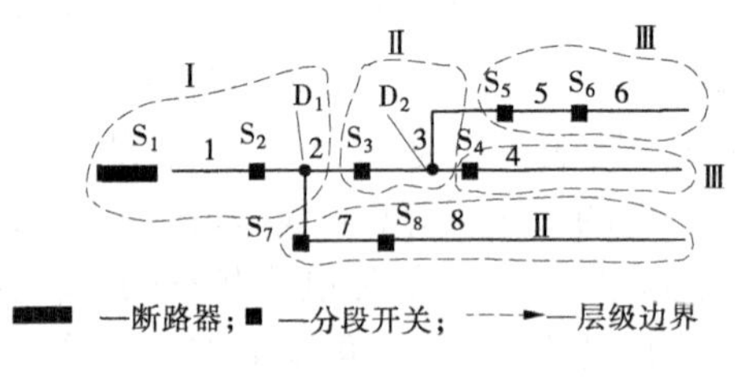

图 8-2 单电源 T 型耦合节点配电网分层结构

8.4 配电网故障定位的层级模型建模

8.4.1 基于配电网分层解耦的故障定位基本思路

依据 8.3 节配电网分层解耦理论及电力系统功率流输送机制:优先级高的独立区域不会对优先级低的独立区域报警电流状态值产生影响,优先级低的独立区域故障过电流状态直接影响着与其有直接功率流耦合关系的优先级高的独立区域的报警电流状态值,相同优先级独立区域间报警电流信息互不影响。

基于上述理论,配电网分层解耦故障定位的基本思路为:首先,针对每个独立区域建立因果设备集,构建开关函数;然后,针对分层解耦的配电网,基于因果分析、独立区域单一故障假设、故障诊断最小集理论、区域故障辨识系数,建立采用代数关系描述仅含 0 - 1 离散变量的配电网故障定位层级优化模型;最后,依据配电网独立区域间的优先级关系,建立独立区域故障辨识模型,对发生故障的独立区域实现辨识,确定独立区域故障辨识系数,并利用互补理论建立连续空间中配电网故障定位的层级模型,从而用于配电网区段的单一故障和多重故障辨识。

8.4.2 基于代数关系描述的开关函数建模

针对独立区域1(支路1),当自动化开关 S_1 的监控点捕获到故障过电流信息时,将向控制主站上传报警信息,依据图连通性和功率流传输特性,可能是馈线1~2发生短路故障,从而引起 S_1 处的过电流,其为造成 S_1 报警信息的因果设备,同理,可得到馈线2为自动化开关 S_2 的因果设备。按照上述方法可得到独立区域2~5各自动化开关的因果设备。表8-2为针对图8-1建立的基于独立区域的自动化开关因果关联设备集。对比表8-1和表8-2可看出,互补约束故障定位模型的因果设备确定方法和本章确定方法的差异在于:互补约束故障定位模型的因果设备基于配电网整体进行构建,本章以分层解耦后的独立区域为基本单元进行构建。

表8-2　因果设备关联信息

独立区域	自动化开关	因果设备与顺序
1	断路器 S_1	馈线 $1 \mapsto 2$
1	分段开关 S_2	馈线2
2	分段开关 S_3	馈线3
3	分段开关 S_4	馈线4
4	分段开关 S_5	馈线 $5 \mapsto 6$
4	分段开关 S_6	馈线6
5	分段开关 S_7	馈线 $7 \mapsto 8$
5	分段开关 S_8	馈线8

依据表8-2中各自动化开关的因果设备关联关系,以及8.2节开关函数代数关系建模方法,以独立区域为基础的开关函数代数关系数学模型可表示为

$$I_1(\boldsymbol{X}) = x(1) + x(2) \tag{8-11}$$

$$I_2(\boldsymbol{X}) = x(2) \tag{8-12}$$

$$I_3(\boldsymbol{X}) = x(3) \tag{8-13}$$

$$I_4(\boldsymbol{X}) = x(4) \tag{8-14}$$

$$I_5(\boldsymbol{X}) = x(5) + x(6) \tag{8-15}$$

$$I_6(\boldsymbol{X}) = x(6) \tag{8-16}$$

$$I_7(\boldsymbol{X}) = x(7) + x(8) \tag{8-17}$$

$$I_8(\boldsymbol{X}) = x(8) \tag{8-18}$$

将式(8-11)~式(8-18)与式(8-1)~式(8-8)开关函数模型比较可以看出:本章所建立的开关函数模型有效地实现了T型耦合节点处相互独立支路间的物理解耦,避免了其故障电流信号间的并联叠加特性,从理论上将可应用于多重故障的配电网故障区段定位模型建模。

j为配电网独立区域编号,N_j为独立区域馈线支路总数。依据上述开关模型的构建方法,当配电网具有J个独立区域时,基于代数关系描述的开关函数数学模型可表示为

$$\begin{cases} I_i(\boldsymbol{X}) = \sum\limits_{i=L+1}^{L+N_j} x(i) \\ L = \sum\limits_{i=0}^{j-1} N_i \\ N_0 = 0,\ j = 1,2,\cdots,J \end{cases} \tag{8-19}$$

8.4.3 配电网故障定位的离散空间层级优化模型

配电网故障定位优化方法的容错性本质是基于逼近理论找到最能解释所有FTU故障电流报警信息的馈线设备,建模方案为:首先采用残差平方和建立描述报警信息和开关函数间一致性的逼近关系模型;然后利用存在故障电流报警信息且优先级最低独立区域的因果设备、开关函数和逼近关系模型并引入区域故障辨识系数,建立故障定位层级优化模型。

I_i^*为电流越限信息报警集$\boldsymbol{I}^*$中第i个元素,依据上述开关函数,以独立区域单故障假设为前提,针对图8-1所示配电网,建立的逼近关系模型$B_i(X)$为

$$B_i(X) = [I_i^* - I_i(X)]^2 \quad (i = 1,2,\cdots,8) \tag{8-20}$$

K_j表示独立区域j的故障辨识系数,其值为0或1,当为1时表示区域j为有效故障定位独立区域,即需要利用其寻求馈线故障区段位置。当找到最佳故障设备时,应使式(8-20)的值最小。针对图8-1,配电网建立的故障定位层级优化模型目标函数为

$$\begin{aligned} \min f(X) = {} & K_1[B_1(X) + B_2(X)] + K_2B_3(X) + K_3B_4(X) + \\ & K_4[B_5(X) + B_6(X)] + K_5[B_7(X) + B_8(X)] \end{aligned} \tag{8-21}$$

式(8-21)及馈线故障状态信息的0/1取值限制,构成了基于代数关系描述的配电网故障区段定位层级优化模型,当配电网具有J个独立区域时,N_j

为独立区域馈线支路总数,将其拓展到为任意馈线数配电网,其通用配电网故障层级优化模型为

$$
\begin{cases}
\min f(\boldsymbol{X}) = \sum_{j=1}^{J} \sum_{i=L+1}^{L+N_j} K_j B_i(\boldsymbol{X}) \\
L = \sum_{i=0}^{j-1} N_i \\
\boldsymbol{X} = [x(1) \quad x(2) \quad \cdots \quad x(\sum_{j=1}^{J} N_j)] \\
x(i) = 0/1 \\
i = 1,2,\cdots,\sum_{j=1}^{J} N_j \\
N_0 = 0,\ j = 1,2,\cdots,J
\end{cases}
\tag{8-22}
$$

8.4.4 配电网故障定位的互补约束层级优化模型

式(8-22)为含独立区域辨识系数 $\boldsymbol{K}$ 和馈线状态 $\boldsymbol{X}$ 两类 0－1 离散整数变量的非线性规划模型,直接对离散变量求解将比较复杂,若将其等价变换到连续空间,将可显著降低决策复杂性。首先依据独立区域过电流信息确定独立区域故障辨识系数 $\boldsymbol{K}$,然后基于互补约束理论将其等价转换为非线性连续优化模型。

本章将利用独立区域间优先级关系及过电流信息确定独立区域故障辨识系数:

(1)利用相邻独立区域间优先级关系建立优先级结构辨识矩阵 $\boldsymbol{P}'$;

(2)构建独立区域过电流信息向量集 $\boldsymbol{G}$;

(3)结合 $\boldsymbol{G}$ 和 $\boldsymbol{P}'$ 建立故障独立区域判定矩阵 $\boldsymbol{P}$;

(4)利用 $\boldsymbol{P}\times\boldsymbol{G}$ 确定独立区域故障辨识系数 $\boldsymbol{K}$。

下面以图 8-1 为例,假定馈线 6、馈线 8 同时发生短路故障,详细说明 $\boldsymbol{K}$ 的确定方法。

(1)建立矩阵 $\boldsymbol{P}'$。$\boldsymbol{P}'$ 的列数和行数为独立区域个数,其列和行表示独立区域编号,$\boldsymbol{P}'$ 的对角线元素全为 1。对于非对角线元素,若独立区域 i 和独立区域 j 紧邻,且 i 优先级高于 j,则 $\boldsymbol{P}'$ 中第 j 行、第 i 列元素为 1,第 j 行其余列的元素为 0;若独立区域 j 优先级高于独立区域 i,则 $\boldsymbol{P}'$ 中第 i 行、第 j 列元素为 1,第 i 行其余列的元素为 0。按照上述理论,基于图 8-1 建立的优先级结构辨

识矩阵$\boldsymbol{P}'$为

$$
\boldsymbol{P}' = \begin{array}{c} \\ 1 \\ 2 \\ 3 \\ 4 \\ 5 \end{array}\begin{array}{c} \begin{array}{ccccc} 1 & 2 & 3 & 4 & 5 \end{array} \\ \begin{bmatrix} 1 & 0 & 0 & 0 & 0 \\ 1 & 1 & 0 & 0 & 0 \\ 0 & 1 & 1 & 0 & 0 \\ 0 & 1 & 0 & 1 & 0 \\ 1 & 0 & 0 & 0 & 1 \end{bmatrix} \end{array} \tag{8-23}
$$

（2）构建矩阵$\boldsymbol{G}$。馈线6所属独立区域4，馈线8所属独立区域5，依据独立区域优先级关系，可判断出独立区域1、2、4、5具有过电流信息。列向量$\boldsymbol{G}$的行数为独立区域个数，其行表示独立区域编号，按照有过电流信息时为1、无过流信息时为0的编码方式，基于图8-1建立的独立区域过电流信息向量集$\boldsymbol{G}$为

$$
\boldsymbol{G} = \begin{array}{c} \begin{array}{ccccc} 1 & 2 & 3 & 4 & 5 \end{array} \\ [\begin{array}{ccccc} 1 & 1 & 0 & 1 & 1 \end{array}]^{\mathrm{T}} \end{array} \tag{8-24}
$$

（3）建立矩阵$\boldsymbol{P}$。依据优先级理论和配电网分层解耦理论，只需采用优先级低的独立区域过电流信息进行故障定位。矩阵$\boldsymbol{P}$的构建方法为：依据式(8-24)，找出$\boldsymbol{G}$中非零元素所在行，然后找出与其对应行的式(8-23)中非对角线的非零元素所在列，并将对应列的所有元素置0，即可得到矩阵$\boldsymbol{P}$。依据式(8-24)得到的故障独立区域判定矩阵$\boldsymbol{P}$为

$$
\boldsymbol{P} = \begin{array}{c} \\ 1 \\ 2 \\ 3 \\ 4 \\ 5 \end{array}\begin{array}{c} \begin{array}{ccccc} 1 & 2 & 3 & 4 & 5 \end{array} \\ \begin{bmatrix} 0 & 0 & 0 & 0 & 0 \\ 0 & 0 & 0 & 0 & 0 \\ 0 & 0 & 1 & 0 & 0 \\ 0 & 0 & 0 & 1 & 0 \\ 0 & 0 & 0 & 0 & 1 \end{bmatrix} \end{array} \tag{8-25}
$$

（4）确定矩阵$\boldsymbol{K}$。馈线6、8同时发生短路故障时的独立区域故障辨识系数$\boldsymbol{K}=\boldsymbol{P}\times\boldsymbol{G}=[0\quad 0\quad 0\quad 1\quad 1]^{\mathrm{T}}$，即$K_1$、$K_2$、$K_3$的值为0，$K_4$、$K_5$的值为1，判断出独立区域4、5存在短路故障。

此时，独立区域故障辨识系数已确定，式(8-22)则转换为仅含有离散变量$\boldsymbol{X}$的非线性0－1整数规划问题。利用互补约束故障定位模型的等价转换思想，将式(8-22)等价影射到连续空间，建立配电网互补约束层级优化模型，其可表示为

$$
\begin{cases}
\min f(X) = \sum_{j=1}^{J} \sum_{i=L+1}^{L+N_j} K_j B_i(\boldsymbol{X}) \\
L = \sum_{i=0}^{j-1} N_i \\
\boldsymbol{X} = [x(1) \quad x(2) \quad \cdots \quad x(\sum_{j=1}^{J} N_j)] \\
\boldsymbol{X} \perp (1 - \boldsymbol{X}) = 0 \\
0 \leqslant \boldsymbol{X} \leqslant 1 \\
N_0 = 0 \\
i = 1,2,\cdots,\sum_{j=1}^{J} N_j \\
j = 1,2,\cdots,J
\end{cases}
\tag{8-26}
$$

8.5 配电网故障定位层级优化模型的适应性

从通用性、多重故障定位能力和容错性三方面分析配电网故障定位层级优化模型的强适应性。

8.5.1 配电网故障定位层级模型的通用性

当 $\boldsymbol{K}$ 确定后，式(8-26)的本质是基于代数关系描述和最优化理论进行建模，依据1.5节开关函数和目标函数建模方法，很容易依据节点支路连接信息变化情况对其动态修正。因此，独立区域故障辨识系数 K 是否易于确定，直接决定着层级优化模型的通用性，若其具有不受区域编号顺序影响的特点，将使得配电网故障定位层级模型具有强通用性。下面以图8-1为例进行分析，独立区域进行重新编号后，断路器 S_1、分段开关 S_2 属于独立区域3；分段开关 S_3 属于独立区域5；分段开关 S_4 属于独立区域2；分段开关 S_5、S_6 属于独立区域1；分段开关 S_7、S_8 属于独立区域4。

假定馈线6、馈线8同时发生短路故障，建立的矩阵 $\boldsymbol{P}'$、$\boldsymbol{G}$、$\boldsymbol{P}$ 和 $\boldsymbol{K}$ 分别为

$$
\boldsymbol{P}' = \begin{array}{c} \\ 1 \\ 2 \\ 3 \\ 4 \\ 5 \end{array} \begin{array}{c} \begin{array}{ccccc} 1 & 2 & 3 & 4 & 5 \end{array} \\ \begin{bmatrix} 1 & 0 & 0 & 0 & 1 \\ 0 & 1 & 0 & 0 & 1 \\ 0 & 0 & 1 & 0 & 0 \\ 0 & 0 & 1 & 1 & 0 \\ 0 & 0 & 1 & 0 & 1 \end{bmatrix} \end{array} \tag{8-27}
$$

$$
\boldsymbol{G} = \begin{array}{c} \begin{array}{ccccc} 1 & 2 & 3 & 4 & 5 \end{array} \\ [1 \quad 0 \quad 1 \quad 1 \quad 1]^{\mathrm{T}} \end{array} \tag{8-28}
$$

$$
\boldsymbol{P} = \begin{array}{c} \\ 1 \\ 2 \\ 3 \\ 4 \\ 5 \end{array} \begin{array}{c} \begin{array}{ccccc} 1 & 2 & 3 & 4 & 5 \end{array} \\ \begin{bmatrix} 1 & 0 & 0 & 0 & 0 \\ 0 & 1 & 0 & 0 & 0 \\ 0 & 0 & 0 & 0 & 0 \\ 0 & 0 & 0 & 1 & 0 \\ 0 & 0 & 0 & 0 & 0 \end{bmatrix} \end{array} \tag{8-29}
$$

$$
\boldsymbol{K} = \boldsymbol{P} \times \boldsymbol{G} = [1 \quad 0 \quad 0 \quad 1 \quad 0]^{\mathrm{T}} \tag{8-30}
$$

依据 $\boldsymbol{K}$ 仍然判断出馈线5、6和馈线7、8所在独立区域发生短路故障。由此可看出，本章独立区域故障辨识结果与区域编号顺序无关，所建故障定位层级模型具有通用性。

8.5.2 配电网故障定位层级模型的多重故障能力

依据式(8-30)可判定出独立区域1、4发生短路故障，即原独编号时独立区域4、5发生故障，因此 K_1、K_2、K_3 的值为0，K_4、K_5 的值为1。依据式(8-21)，故障定位层级优化模型的目标函数为

$$
\begin{cases} \min f(\boldsymbol{X}) = f_1(\boldsymbol{X}) + f_2(\boldsymbol{X}) \\ f_1(\boldsymbol{X}) = B_5(\boldsymbol{X}) + B_6(\boldsymbol{X}) = [1 - x(5) - x(6)]^2 + [1 - x(6)]^2 \\ f_2(\boldsymbol{X}) = B_7(\boldsymbol{X}) + B_8(\boldsymbol{X}) = [1 - x(7) - x(8)]^2 + [1 - x(8)]^2 \end{cases} \tag{8-31}
$$

由式(8-31)可知，$f_1(\boldsymbol{X})$ 和 $f_2(\boldsymbol{X})$ 为二次函数，利用拉格朗日极值条件易得出：当 $x(5)$、$x(6)$ 值分别为0、1时，$f_1(\boldsymbol{X})$ 的值达到最小值0；当 $x(7)$、$x(8)$ 值分别为0和1时，$f_2(\boldsymbol{X})$ 的值达到最小值0。进而判定出馈线6和8发生短路故障，与假定故障一致。

8.5.3 配电网故障定位层级模型的容错性

依据 8.4 节可知,配电网故障定位层级模型中各独立区域间的开关函数和目标函数相互独立,正如式(8-31)所示,当独立区域故障辨识系数 **K** 确定后,配电网故障定位层级模型等价于多个独立的无 T 型耦合节点辐射型配电网故障定位二次优化模型,采用逼近关系理论建模,**K** 正确确定后,本章模型将和无 T 型耦合节点辐射型配电网互补约束故障定位模型一样具有高容错性。因此,若独立区域故障辨识系数 **K** 的确定方法具有好的容错性,所建配电网故障定位层级模型将具有高的容错性能。

以 8.4 节的独立区域编码顺序和故障模式为例,假定独立区域 3 出现信息误传,即独立区域 3 的过电流报警信息为 0,馈线 6、8 同时发生短路故障,独立区域过电流信息相量集 **G** 为

$$\begin{matrix} & 1 & 2 & 3 & 4 & 5 \\ \boldsymbol{G} = [& 1 & 0 & 0 & 1 & 1 &]^{\mathrm{T}} \end{matrix} \tag{8-32}$$

依据式(8-27)和式(8-32)得到矩阵 **P** 和 **K** 仍然分别为式(8-29)和式(8-30),因此可准确地判定出馈线 5、6 所在独立区域 1 和馈线 7、8 所在独立区域 4 发生故障。

假定独立区域 3、独立区域 5 同时出现信息误传,即独立区域过电流信息相量集 **G** 为

$$\begin{matrix} & 1 & 2 & 3 & 4 & 5 \\ \boldsymbol{G} = [& 1 & 0 & 0 & 1 & 0 &]^{\mathrm{T}} \end{matrix} \tag{8-33}$$

依据式(8-27)和式(8-33)得到矩阵和 **K** 仍然分别为式(8-29)和式(8-30),因此可准确地判定出馈线 5、6 所在独立区域 1 和馈线 7、8 所在独立区域 4 发生故障。

由上述分析可知,独立区域故障辨识系数 **K** 的确定方法具有好的容错性,以其为基础所建立的配电网故障定位层级模型具有高的容错性能。

8.6 层级优化模型求解的预测校正算法

8.6.1 层级优化模型求解思路

依据式(8-26)可知,所构建的配电网故障定位层级模型为含有互补约束的非线性规划问题,文献[23]利用光滑化算法求解,其存在显著增加变量数、

对初始点的选择敏感等缺陷。本章将利用层级优化模型式(8-26)目标函数的二次函数特性和约束条件的二次函数特性,首先基于松弛方法,将其松弛为馈线状态 $\boldsymbol{X}$ 的值为[0,1]的二次规划模型,直接利用非线性规划在连续空间求解,确定馈线状态 $\boldsymbol{X}$ 的预测值;然后基于二次凸规划极值理论,将馈线状态 $\boldsymbol{X}$ 的预测值为基础的馈线状态 $\boldsymbol{X}$ 求解问题等价转化为四舍五入取整问题,实现对预测值的校正,从而确定配电网故障区段位置。

8.6.2 层级优化模型预测校正算法

依据最优化方法中的松弛理论,式(8-26)的松弛问题可表示为不含互补约束的二次规划问题,其数学模型为

$$\begin{cases} \min f(\boldsymbol{X}) = \sum\limits_{j=1}^{J} \sum\limits_{i=L+1}^{L+N_j} K_j B_i(\boldsymbol{X}) \\ L = \sum\limits_{i=0}^{j-1} N_i \\ \boldsymbol{X} = [x(1) \quad x(2) \quad \cdots \quad x(\sum\limits_{j=1}^{J} N_j)] \\ 0 \leqslant \boldsymbol{X} \leqslant 1 \\ N_0 = 0 \\ i = 1,2,\cdots,\sum\limits_{j=1}^{J} N_j \\ j = 1,2,\cdots,J \end{cases} \tag{8-34}$$

式(8-26)和式(8-34)为二次规划问题,可行域连续,其目标函数二次项系数为正,其相应的海森矩阵为正定矩阵,目标函数为凸函数,因此式(8-26)和式(8-34)都具有唯一局部最优点且为全局最优点。假定 $\boldsymbol{X}^*$ 、$f(\boldsymbol{X}^*)$ 分别为式(8-26)的全局最优点及其目标函数值,$\overline{\boldsymbol{X}}^*$ 、$f(\overline{\boldsymbol{X}}^*)$ 分别为式(8-34)的全局最优点及其目标函数值,由松弛定理可知 $f(\boldsymbol{X}^*) \geqslant f(\overline{\boldsymbol{X}}^*)$ 。若令 $\Delta\boldsymbol{X} = \boldsymbol{X}^* - \overline{\boldsymbol{X}}^*$,则基于泰勒级数,$f(\boldsymbol{X}^*)$ 与 $f(\overline{\boldsymbol{X}}^*)$ 之间的关系可表示为

$$f(\boldsymbol{X}^*) = f(\overline{\boldsymbol{X}}^*) + \nabla f(\overline{\boldsymbol{X}}^*)^{\mathrm{T}} \Delta\boldsymbol{X} + \frac{1}{2}\Delta \boldsymbol{X}^{\mathrm{T}} \nabla^2 f(\overline{\boldsymbol{X}}^*) \Delta\boldsymbol{X} \tag{8-35}$$

依据式(8-35)可知,当得到松弛问题式(8-34)的全局最优点 $\overline{\boldsymbol{X}}^*$ 后,只需要增加一个合理的扰动 $\Delta\boldsymbol{X}$,即可得到式(8-26)的最优目标函数值 $f(\boldsymbol{X}^*)$ 及全局最优点 $\boldsymbol{X}^* = \overline{\boldsymbol{X}}^* + \Delta\boldsymbol{X}$ 。此时,式(8-35)中 $f(\overline{\boldsymbol{X}}^*)$ 已由式(8-34)确定,要

使式 $f(\boldsymbol{X})$ 获得最小值,需要式(8-36)的目标函数值达到最小,其数学模型为

$$\begin{cases}\min h(\Delta\boldsymbol{X}) = \nabla f(\overline{\boldsymbol{X}}^{*})^{\mathrm{T}}\Delta\boldsymbol{X} + g(\Delta\boldsymbol{X}) \\ g(\Delta\boldsymbol{X}) = \dfrac{1}{2}\Delta\boldsymbol{X}^{\mathrm{T}}\nabla^{2}f(\overline{\boldsymbol{X}}^{*})\Delta\boldsymbol{X} \\ (\overline{\boldsymbol{X}}^{*} + \Delta\boldsymbol{X}) \perp (1 - \overline{\boldsymbol{X}}^{*} - \Delta\boldsymbol{X}) = 0\end{cases} \tag{8-36}$$

利用式(8-36)即可得到扰动量 ΔX ,但式(8-26)仍为含互补约束的二次优化问题,直接求解仍然比较困难,需要对子问题式(8-36)提出更加有效的方法。下面分三部分讨论:

(1) $g(\Delta\boldsymbol{X})$ 极值条件。因海森矩阵 $\nabla^{2}f(\overline{\boldsymbol{X}}^{*})$ 正定且已知,由式(8-36)可知 $g(\Delta\boldsymbol{X}) \geqslant 0$ 。扰动量 ΔX 各分量相互独立,因此只要保证扰动 $\Delta\boldsymbol{X}$ 各分量的值达到最小即可获得 $g(\Delta\boldsymbol{X})$ 极值。

(2) $\nabla f(\overline{\boldsymbol{X}}^{*})^{\mathrm{T}}\Delta\boldsymbol{X}$ 极值条件。$\overline{\boldsymbol{X}}^{*}$ 为式(8-34)的全局最优点,依据 Kuhn - Tucker 定理可得出,在 $\overline{\boldsymbol{X}}^{*}$ 处 $\nabla f(\overline{\boldsymbol{X}}^{*})$ 各分量为非负值。扰动量 $\Delta\boldsymbol{X}$ 各分量相互独立,因此同样只要保证扰动 $\Delta\boldsymbol{X}$ 各分量的值达到最小即可获得 $\nabla f(\overline{\boldsymbol{X}}^{*})^{\mathrm{T}}\Delta\boldsymbol{X}$ 极值。

(3) $g(\Delta\boldsymbol{X})$ 函数值变化速率比 $\nabla f(\overline{\boldsymbol{X}}^{*})^{\mathrm{T}}\Delta X$ 函数值的变化速率快,当 $g(\Delta\boldsymbol{X})$ 函数值和 $\nabla f(\overline{\boldsymbol{X}}^{*})^{\mathrm{T}}\Delta\boldsymbol{X}$ 的变化方向不一致时,为使式(8-36)获得最小值,必须保证扰动量 $\Delta\boldsymbol{X}$ 代入后 $g(\Delta\boldsymbol{X})$ 函数值减小。

因为 $0 \leqslant \overline{\boldsymbol{X}}^{*} \leqslant 1$,若 $\overline{\boldsymbol{X}}^{*} < 0.5$,当 $\Delta\boldsymbol{X} = \boldsymbol{X}^{*} - \overline{\boldsymbol{X}}^{*} = -\overline{\boldsymbol{X}}^{*}$,即 $\boldsymbol{X}^{*} = 0$ 时 $g(\Delta\boldsymbol{X})$ 和 $\nabla f(\overline{\boldsymbol{X}}^{*})^{\mathrm{T}}\Delta\boldsymbol{X}$ 的目标函数值都比 $\boldsymbol{X}^{*} = 1$ 时对应的目标函数值小,为满足变量值满足 0/1 取值要求,此时 $\boldsymbol{X}^{*} = 0$;若 $\overline{\boldsymbol{X}}^{*} > 0.5$, $\boldsymbol{X}^{*} = 1$ 时 $g(\Delta\boldsymbol{X})$ 的值比 $\boldsymbol{X}^{*} = 0$ 时对应的目标函数值小,为满足变量值满足 0/1 取值要求, $\boldsymbol{X}^{*} = 1$;若 $\overline{\boldsymbol{X}}^{*} = 0.5$, $\boldsymbol{X}^{*} = 0$ 时 $g(\Delta\boldsymbol{X})$ 值与 $\boldsymbol{X}^{*} = 1$ 时值相等,而 $\boldsymbol{X}^{*} = 0$ 时 $\nabla f(\overline{\boldsymbol{X}}^{*})^{\mathrm{T}}\Delta\boldsymbol{X}$ 取值小于 $\boldsymbol{X}^{*} = 1$ 时的值,但为避免故障漏判,采取"过估计"策略,最终 $\boldsymbol{X}^{*} = 1$ 。

由此可见,当 $\overline{\boldsymbol{X}}^{*} \neq 0.5$ 时,式(8-36)取极小值时对应的变量全局最优点 $\boldsymbol{X}^{*}$ 的值可由松弛问题式(8-34)的全局最优点 $\overline{\boldsymbol{X}}^{*}$ 进行四舍五入取整得到;当 $\overline{\boldsymbol{X}}^{*} = 0.5$ 时,为避免故障漏判,决策变量值同样可以采用四舍五入取整得到,从而避免了对互补约束问题式(8-36)的直接决策求解。

基于上述理论分析,即可得出配电网故障定位层级优化模型决策求解的预测校正算法:

(1)当配电网故障时,基于预测模型式(8-34)采用非线性规划预测出馈线状态的近似值;

(2)利用四舍五入取整准则得到所有馈线状态值,从而利用为1的馈线状态值确定馈线故障区段所在位置。

8.6.3 层级优化模型预测校正算法求解步骤

基于上述分析,当配电网自动化设备终端采集到过电流信息时,层级优化模型求解基本步骤为:

(1)依据8.4.4节建立优先级结构辨识矩阵 $\boldsymbol{P}'$ 。

(2)基于馈线自动化设备FTU等隶属独立区域,依据其上传的过电流报警信息构建独立区域过电流信息相量集 $\boldsymbol{G}$ 。

(3)依据8.4.4节建立故障独立区域判定矩阵 $\boldsymbol{P}$,进一步确定故障独立区域故障辨识系数 $\boldsymbol{K}$ 。

(4)利用非线性规划对式(8-34)进行决策求解,预测出馈线状态的近似值。

(5)利用四舍五入取整确定所有馈线的状态值,从而实现配电网馈线故障区段的辨识。

由此可以看出,本章所提出的配电网故障定位层级优化模型决策求解的预测校正算法无须对互补优化模型直接决策求解,与光滑化算法相比不会增加决策变量个数,对初始点无任何要求,具有全局收敛特性、通用性强、实现便捷等优点。

8.7 层级优化模型及预测校正算法的有效性验证

8.7.1 预测校正算法有效性

采用文献[10]的5节点辐射型配电网图8-3为例进行分析,主要验证:

(1)预测校正算法是正确有效的,且其有效性不依赖于初始点的选择,具有全局收敛性;

(2)文献[10]的光滑化算法存在对初始点敏感的缺陷,即初始点选择不合理将导致故障区段误判;

(3)当信息畸变时本章算法可直接判断出可能发生故障的馈线区段。

表8-3为本章算法和光滑化算法的故障定位结果比较。A代表光滑化算法,B代表本章算法,Y、J、F、C、K、S、L 表示预设故障位置、报警信息畸变位置、预测算法目标函数值、最终目标函数值、预测算法对应的决策变量值、最终

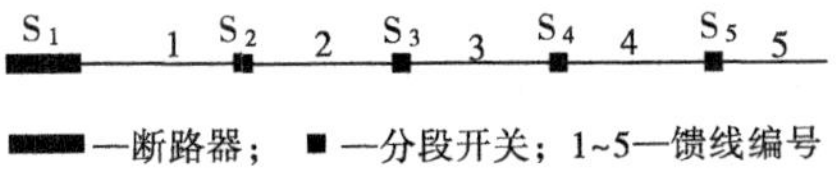

S1 1 S2 2 S3 3 S4 4 S5 5

▬—断路器；■—分段开关；1~5—馈线编号

图 8-3 单电源辐射型配电网

决策变量值、定位出的故障位置。其中，算法 A 的仿真结果来源于文献[10]；为保证结果可重复性，算法 B 的仿真结果是在决策变量集初始点值全为 0 的前提下得到。

表 8-3 配电网故障定位仿真结果

算法	Y	J	F	C	K	S	L
A	1	—	—	2.24×10^{-32}	—	[1 0 0 0 0]	1
B	1	—	5.47×10^{-17}	0	[1 0 0 0 0]	[1 0 0 0 0]	1
A	2	—	—	1.14×10^{-32}	—	[0 1 0 0 0]	2
B	2	—	6.66×10^{-18}	0	[0 1 0 0 0]	[0 1 0 0 0]	2
A	3	—	—	4.55×10^{-33}	—	[0 0 1 0 0]	3
B	3	—	1.19×10^{-15}	0	[0 0 1 0 0]	[0 0 1 0 0]	3
A	4	—	—	2.27×10^{-34}	—	[0 0 0 1 0]	4
B	4	—	8.18×10^{-16}	0	[0 0 0 1 0]	[0 0 0 1 0]	4
A	5	—	—	3.62×10^{-13}	—	[0 0 0 0 1]	5
B	5	—	2.76×10^{-16}	0	[0 0 0 0 1]	[0 0 0 0 1]	5
A	5	S_1	—	1	—	[0 0 0 0 1]	5
B	5	S_1	0.8	1	[0 0 0 0 0.8]	[0 0 0 0 1]	5
A	5	S_2	—	1	—	[0 0 0 0 1]	5
B	5	S_2	0.75	1	[0.25 0 0 0 0.75]	[0 0 0 0 1]	5
A	5	S_3	—	1	—	[0 0 0 0 1]	5
B	5	S_3	0.667	1	[0 0.333 0 0 0.667]	[0 0 0 0 1]	5
A	5	S_4	—	1	—	[0 0 1 0 0]	3
B	5	S_4	0.5	4	[0 0 0.5 0 0.5]	[0 0 1 0 1]	3、5
A	5	S_1、S_2	—	2	—	[0 0 0 0 1]	5
B	5	S_1、S_2	1.2	2	[0 0 0 0 0.6]	[0 0 0 0 1]	5
A	5	S_1、S_3	—	2	—	[0 0 0 0 1]	5
B	5	S_1、S_3	1.2	2	[0 0 0 0 0.6]	[0 0 0 0 1]	5
A	5	S_2、S_3	—	2	—	[1 0 0 0 0]	1
B	5	S_2、S_3	0.5	3	[0.5 0 0 0 0.5]	[1 0 0 0 1]	1、5

根据表 8-3 的仿真结果可以看出，在无信息畸变情况下，本章算法和光滑化方法均可正确地辨识出馈线故障位置；当存在信息畸变时，本章算法和光滑化方法对于连续畸变位数小于非畸变位个数时的情况，都可以正确地定位出馈线故障位置。但是，当连续畸变位数与非畸变位数相等时，光滑化方法若直接利用决策变量值进行故障定位，将会造成错判和漏判。例如，表 8-3 中 S_4畸变和 S_2、S_3畸变情况下，光滑化算法出现了故障错判和漏判情况。为解决上述情况，光滑化方法需联合 Kuhn – Tucker 条件综合判定出所有可能故障，不仅过程复杂，且缺乏严格理论的证明，是否具有普适性有待进一步验证。本章所提出的预测校正算法，针对 S_4畸变和 S_2、S_3畸变情况，可辨识出所有可能发生故障的馈线区段。由此可以看出，本章所提出的预测校正算法在进行故障定位时是合理有效的，且与光滑化方法相比具有更高的故障辨识能力和容错性能。

算法数值稳定性直接影响到配电网故障定位结果可靠性，因此必须对算法稳定性进行分析。针对馈线 5 发生故障且 S_3上传的报警信息畸变情况，采用均匀随机数产生 100 个初始样本点，分别采用本章算法和光滑化算法进行决策求解。图 8-4 所示为本章预测校正算法和光滑化算法针对 100 个初始随机样本点的优化决策结果。

根据图 8-4(a)可以看出，针对 100 个初始随机样本，本章算法预测阶段均可稳定地收敛到全局最优点，使得在校正阶段都可以稳定得到准确的配电网故障决策向量，从而判定出馈线区段 5 发生故障，具有可靠的数值稳定性。根据图 8-4(b)可知，光滑化算法得到的决策结果受初始点影响较大，即对初始点选择存在敏感性，若选择合理将可定位出馈线故障区段，但若选择不合理将会导致馈线故障区段的错判和漏判，其数值稳定性较差，在进行故障定位时将存在可靠性问题。因此，通过比较可以明显看出，本章算法在数值稳定性上显著优于光滑化方法。

8.7.2 故障定位模型多重故障定位能力

以图 8-1 为例，分别验证本章配电网故障定位层级模型和互补约束故障定位模型在多重故障定位方面的能力。表 8-4 为本章故障定位模型和文献[10]故障定位互补优化模型的配电网多重故障定位的比较结果。A 代表互补约束故障定位模型，B 代表本章模型。为保证算法结果的可重复性，模型 A 和 B 的仿真结果都是在决策变量集初始点值全为 0 的前提下得到的。

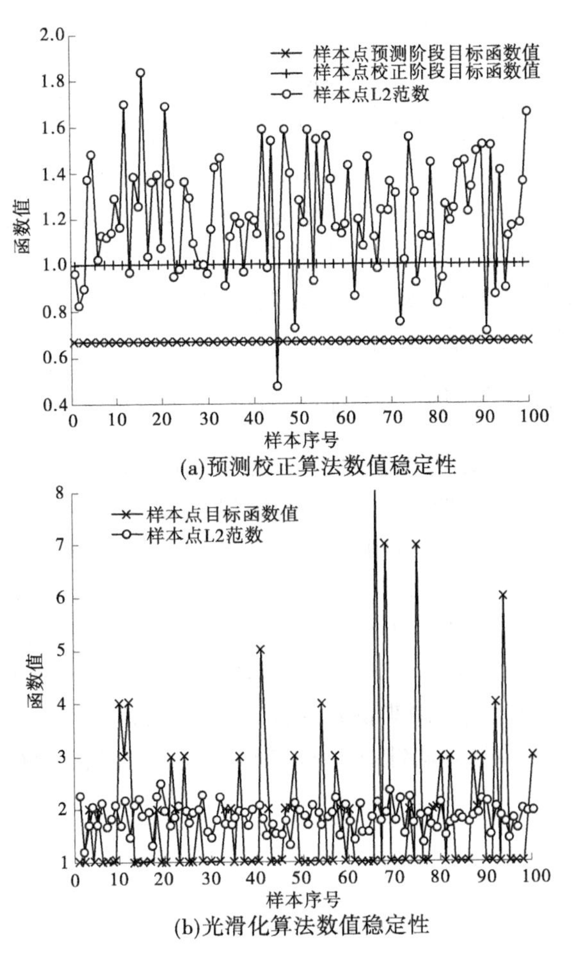

(a)预测校正算法数值稳定性

(b)光滑化算法数值稳定性

图 8-4　算法的稳定性分析

表 8-4　配电网故障定位仿真结果

算法	Y	F	C	K	S	L
A	4、6	—	1	—	[0 0 0 0 0 1 0 0]	6
B	4、6	6.11×10^{-17}	0	[0 0 0 1 0 1 0 0]	[0 0 0 1 0 1 0 0]	4、6
A	4、8	—	2	—	[0 0 0 1 0 0 0 1]	4、8
B	4、8	6.11×10^{-17}	0	[0 0 0 1 0 0 0 1]	[0 0 0 1 0 0 0 1]	4、8
A	6、8	—	2	—	[0 0 0 0 0 1 0 1]	6、8
B	6、8	5.38×10^{-15}	0	[0 0 0 0 0 1 0 1]	[0 0 0 0 0 1 0 1]	6、8
A	4、6、8	—	2	—	[0 0 0 0 0 1 0 1]	6、8
B	4、6、8	0	0	[0 0 0 1 0 1 0 1]	[0 0 0 1 0 1 0 1]	4、6、8

根据表 8-4 可以看出,互补约束故障定位模型具有一定的多重故障能力。例如,馈线 4、8 或馈线 6、8 发生故障时可准确地定位出故障区段。但当馈线 4、6 或馈线 4、6、8 发生故障时却出现了故障区段的漏判。通过观察可以看出漏判的馈线都处在 T 型耦合节点之后,进一步验证了 8.2.3 节的理论分析,在构建 I^* 和开关函数时,没有充分考虑相互独立支路故障电流信号并联叠加特性是导致其缺乏多重故障定位能力强适应性的根本原因。由表 8-4 可看出,本章所提出的故障定位层级模型准确地辨识出所有发生短路故障的馈线区段,具有更加可靠的多重故障定位能力。

8.7.3 预测校正算法故障定位效率

采用光滑化优化对故障定位模型求解时,在决策过程中通过引入光滑化函数将导致决策变量数增加 1 倍、约束条件增加 2 倍,在一定程度上降低了决策效率。其针对 1 000 节点的配电网仿真结果表明,光滑化算法平均迭代约 50 次可辨识出故障位置。本章提出的预测校正算法没有增加变量数和约束条件数,针对文献[10]的 1 000 节点算例进行仿真,预测校正算法迭代约 25 次可辨识出故障位置,平均故障定位时间约 15 s。因此,本章所提出的预测校正算法具有更加高效的故障辨识效率,可应用于大规模配电网的故障区段定位。图 8-5 所示为本章算法针对 1 000 节点配电网馈线 1 000 故障时的定位结果。

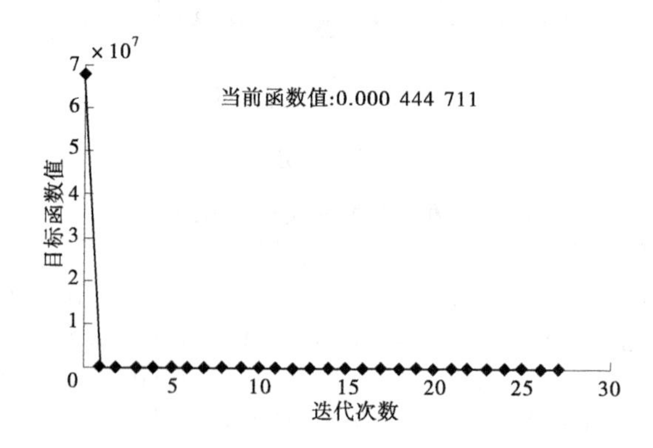

图 8-5　1 000 节点配电网故障定位优化过程

8.8 配电网故障定位的层级模型和预测校正算法的工程方案

8.8.1 配电网故障定位装置的技术方案

配电网故障定位的层级模型和预测校正方法的技术方案是:一种配电网故障区段在线辨识系统,包括电网结构追踪模块 1、电网分区解耦模块 2、数据信息处理模块 3、同步器 4、电网潮流追踪模块 5、故障辨识模块 6 和管理控制主站 7。电网结构追踪模块 1 的输入端与配电网 8 相连接;电网结构追踪模块 1 的输出端分别与电网分区解耦模块 2 和同步器 4 相连接;电网分区解耦模块 2 的输出端与数据信息处理模块 3 的输入端相连接;数据信息处理模块 3 的输出端与故障辨识模块 6 的输入端相连接;电网潮流追踪模块 5 的输入端分别与配电网 8 和同步器 4 相连接;电网潮流追踪模块 5 输出端与故障辨识模块 6 相连接;电网潮流追踪模块 5、故障辨识模块 6 的输出端均与管理控制主站相连接。

进一步地,所述电网结构追踪模块 1 由配电网地理信息系统 101 组成,用于配电网结构矩阵存储、馈线节点开闭信息的响应与存储。

进一步地,所述电网分区解耦模块 2 包括计算模块 201、存储模块 202、信息交互模块 203。优选地信息交互模块 203 输入端与配电网地理信息系统 101 的输出端相连接,计算模块 201、存储模块 202、信息交互模块 203 相连接。计算模块 201 通过树搜索法实现配电网独立区域的辨识,存储模块 202 用于配电网初始结构矩阵、优先级结构辨识矩阵的存储,信息交互模块 203 实现与配电网地理信息系统 101 和数据信息处理模块 3 间的数据信息传输。计算模块 201 优选采用 CPU + ROM 架构实现,优选地存储模块 202 采用大容量硬盘,优选地信息交互模块 203 采用双工通信有线和无线模式实现。

进一步地,所述数据信息处理模块 3 采用海讯实时数据库 301 实现。海讯实时数据库 301 输入端与信息交互模块 203 输出端相连接,海讯实时数据库输出端与故障辨识模块 6 的相连接。海讯实时数据库 301 用于馈线隶属配电网独立区域管理及与故障辨识模块 6 间的数据信息传输。

进一步地,所述同步器 4 采用逻辑触发器 401 实现。逻辑触发器 401 与配电网地理信息系统 101 相连接。当配电网拓扑结构变化时,逻辑触发器 401 强制同步追踪配电网潮流变化。

进一步地,所述电网潮流追踪模块5优选地采用SCADA系统501实现,用于FTU过电流信息的采集、报警信息集的生成、报警信息的传输。

进一步地,故障辨识模块6由故障预测模块601和故障校正模块602组成。故障预测模块601、故障校正模块602用于实现馈线故障区段的辨识,优选地选用PC机实现。故障预测模块601采用配电网故障辨识模型为连续空间二次凸规模模型及内点算法,实现对故障区段的初步预测。故障校正模块602以故障预测模块601的预测结果为前提,采用互补约束二次规划模型和四舍五入取整算法,实现对故障区段的辨识。

进一步地,所述管理控制主站7采用高性能计算机并基于Windows的可视化平台实现,可通过与SCADA系统501的交互进行电流报警参考值的整定、故障区段的隔离。

有益效果:本实用新型不仅继承了基于代数关系描述的配电网故障定位优化模型的建模优势,且因对配电网采用分区解耦的方法,使其对多重故障具有强适应,故障诊断模块采用预测校正技术,无须对离散变量进行直接决策,故障辨识过程具有全局收敛性、数值稳定性好、辨识效率高,且具有高容错性,非常适合于大规模配电网的在线复杂多重故障辨识。同时,因直接利用地理信息系统的拓扑信息和SCADA的潮流运行信息,不仅通用性强且综合经济性好,可大幅度降低建设成本。

8.8.2 配电网故障定位装置的具体实施方式

为了更清楚地说明本实用新型实施例或现有技术中的技术方案,下面结合图8-6、图8-7,对其技术实现方案完整地描述。

8.8.2.1 **实施例1**

如图8-6所示,一种配电网故障区段在线辨识系统,包括电网结构追踪模块1、电网分区解耦模块2、数据信息处理模块3、同步器4、电网潮流追踪模块5、故障辨识模块6和管理控制主站7。电网结构追踪模块1的输入端与配电网8相连接;电网结构追踪模块1的输出端分别与电网分区解耦模块2和同步器4相连接;电网分区解耦模块2的输出端与数据信息处理模块3的输入端相连接;数据信息处理模块3的输出端与故障辨识模块6的输入端相连接;电网潮流追踪模块5的输入端分别与配电网8和同步器4相连接;电网潮流追踪模块5输出端与故障辨识模块6相连接;电网潮流追踪模块5、故障辨识模块6的输出端均与管理控制主站相连接。

工作过程:

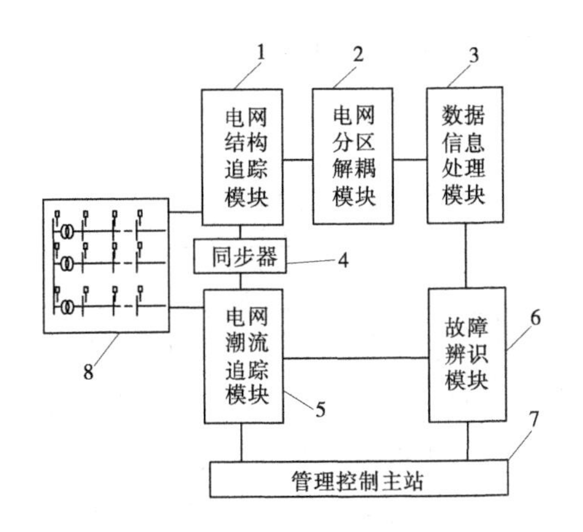

图 8-6　实施例 1

步骤 1:电网结构追踪模块 1 动态在线检测配电网 8 拓扑结构变化情况。若拓扑结构变化,通过信息交换模块:一方面拓扑结构变化情况上传至电网分区解耦模块 2 实现信息共享;电网分区解耦模块 2 通过存储模块对拓扑变化情况进行存储,计算模块基于存储模块的拓扑结构及变化信息,通过树搜索确定配电网的分区区域及各馈线所述区域,并通过信息交互模块将分区区域和各馈线所述区域的信息、区域优先级信息共享至数据信息处理模块 3,即海讯实时数据库;另一方面,同步器触发,强制电网潮流追踪模块采集潮流信息,判定是否存在电流信息,若没有发生故障重复步骤 1,若配电网发生故障执行步骤 2。

步骤 2:电网潮流追踪模块 5 将故障电流越限信息共享至故障辨识模块 6。故障辨识模块 6 启动故障辨识程序,首先辨识出故障分区区域;然后启动故障预测模块,利用内点法实现故障初步预测;最后启动故障校正模块,从而辨识出故障区段,并将故障结果上传至管理控制主站 7 实现故障区段的隔离。

8.8.2.2　实施例 2

如图 8-7 所示,一种配电网故障区段在线辨识系统,包括电网结构追踪模块 1、电网分区解耦模块 2、数据信息处理模块 3、同步器 4、电网潮流追踪模块 5、故障辨识模块 6 和管理控制主站 7。电网结构追踪模块 1 的输入端与配电网 8 相连接;电网结构追踪模块 1 的输出端分别与电网分区解耦模块 2 和同步器 4 相连接;电网分区解耦模块 2 的输出端与数据信息处理模块 3 的输入端相连接;数据信息处理模块 3 的输出端与故障辨识模块 6 的输入端相连接;电网潮流追踪模块 5 的输入端分别与配电网 8 和同步器 4 相连接;电网潮流追踪模块 5 输出端与故障辨识模块 6 相连接;电网潮流追踪模块 5、故障辨识模块 6 的输出端均与管理控制主站相连接。

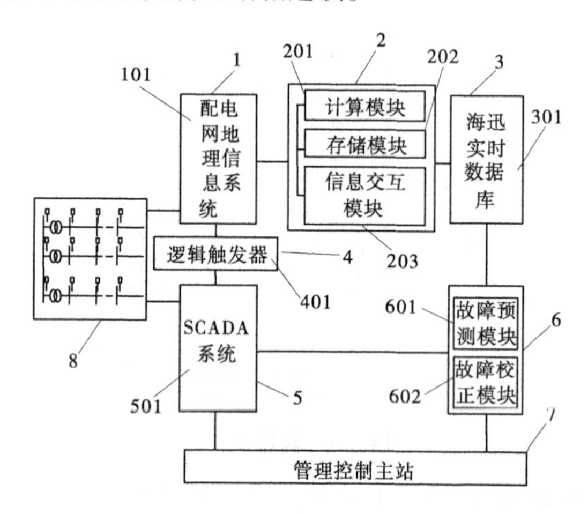

图 8-7　实施例 2

优选地,所述电网结构追踪模块 1 由配电网地理信息系统 101 组成,用于配电网结构矩阵存储、馈线节点开闭信息的响应与存储。

优选地,所述电网分区解耦模块 2 包括计算模块 201、存储模块 202、信息交互模块 203。信息交互模块 203 输入端与配电网地理信息系统 101 的输出端相连,计算模块 201、存储模块 202、信息交互模块 203 相互连接。计算模块 201 通过树搜索法实现配电网独立区域的辨识,存储模块 202 用于配电网初始结构矩阵、优先级结构辨识矩阵的存储,信息交互模块 203 实现与配电网地理信息系统 101 和数据信息处理模块 3 间的数据信息传输。

优选地,所述计算模块 201 优选采用 CPU + ROM 架构实现,优选地存储模块 202 采用大容量硬盘,优选地信息交互模块 203 采用双工通信有线和无线模式实现。

优选地,所述数据信息处理模块 3 采用海讯实时数据库 301 实现。海讯实时数据库 301 输入端与信息交互模块 203 输出端相连接,海讯实时数据库输出端与故障辨识模块 6 相连接。海讯实时数据库 301 用于馈线隶属配电网独立区域管理及与故障辨识模块 6 间的数据信息传输。

优选地,所述同步器 4 采用逻辑触发器 401 实现。逻辑触发器 401 与配电网地理信息系统 101 相连接。当配电网拓扑结构变化时,逻辑触发器 401 强制同步追踪配电网潮流变化。

优选地，所述电网潮流追踪模块 5 采用 SCADA 系统 501 实现，用于 FTU 过电流信息的采集、报警信息集的生成、报警信息的传输。

优选地，故障辨识模块 6 由故障预测模块 601 和故障校正模块 602 组成。故障预测模块 601、故障校正模块 602 用于实现馈线故障区段的辨识，优选地选用 PC 机实现。

优选地，故障预测模块 601 采用配电网故障辨识模型为连续空间二次凸规模模型及内点算法，实现对故障区段的初步预测。

优选地，故障校正模块 602 以故障预测模块 601 的预测结果为前提，采用互补约束二次规划模型和四舍五入取整算法，实现对故障区段的辨识。

优选地，所述管理控制主站 7 采用高性能计算机并基于 Windows 的可视化平台实现，可通过与 SCADA 系统 501 的交互进行电流报警参考值的整定、故障区段的隔离。

进一步地，电网分区解耦模块 2 的配电网分区分级方法为，以 T 型耦合节点为标志，若支路另一端与电源相连，则耦合节点与电源间支路构成一个独立区域；若支路另一端与耦合节点相连，两个耦合节点间的馈线构成一个独立区域；若支路另一端无电源点或耦合节点，则耦合节点与支路末端节点间的馈线支路构成一个独立区域。

进一步地，配电网优先级结构辨识矩阵的形成方法为，矩阵 $\boldsymbol{P}'$ 的行列数等于独立区域数，矩阵 $\boldsymbol{P}'$ 的对角线元素全为 1。对于非对角线元素，若独立区域 i 和独立区域 j 紧邻，且 i 优先级高于 j，则 $\boldsymbol{P}'_{i,j}$ 为 1，第 j 行的其余列的元素为 0；若 j 优先级高于独立区域 i，则矩阵 $\boldsymbol{P}'_{i,j}$ 为 1，第 i 行的其余列的元素为 0。

进一步地，故障预测模块 601 利用优先级结构辨识矩阵 $\boldsymbol{P}'$ 进行分区区域故障系数 $\boldsymbol{K}$ 的辨识，K_j 表示第 j 个分区区域的故障系数，为 1 代表分区区域存在电流越限信息，为 0 代表无电流越限信息，为 1 的分区区域参与故障辨识预测模型的建模。

进一步地，故障预测模块 601 对存在电流越限信息的分区区域进行预测模型建模，J 为配电网独立区域编号，N_j 为独立区域馈线支路总数，I_i^* 为电流越限信息报警集 $\boldsymbol{I}^*$ 中第 i 个元素，故障预测模块 601 采用的配电网故障辨识二次凸规模模型为

$$
\begin{cases}
\min f(\boldsymbol{X}) = \sum_{j=1}^{J} \sum_{i=L+1}^{L+N_j} K_j B_i(\boldsymbol{X}) \\
B_i(\boldsymbol{X}) = [I_i^* - I_i(\boldsymbol{X})]^2 \\
I_i(\boldsymbol{X}) = \sum_{i=L+1}^{L+N_j} x(i) \\
L = \sum_{i=0}^{j-1} N_i \\
\boldsymbol{X} = [x(1) \quad x(2) \quad \cdots \quad x(\sum_{j=1}^{J} N_j)] \\
0 \leqslant \boldsymbol{X} \leqslant 1 \\
N_0 = 0, i = 1,2,\cdots,\sum_{j=1}^{J} N_j \\
j = 1,2,\cdots,J
\end{cases}
\tag{8-37}
$$

进一步地,假定 $\boldsymbol{X}^*$、$f(\boldsymbol{X}^*)$ 分别为预测模型的全局最优点及其目标函数值, $\Delta \boldsymbol{X}$ 为自变量扰动量,故障校正模块 602 的配电网故障定位互补约束二次规划模型为

$$
\begin{cases}
\min h(\Delta \boldsymbol{X}) = \nabla f(\overline{\boldsymbol{X}}^*)^{\mathrm{T}} \Delta \boldsymbol{X} + g(\Delta \boldsymbol{X}) \\
g(\Delta \boldsymbol{X}) = \frac{1}{2} \Delta \boldsymbol{X}^{\mathrm{T}} \nabla^2 f(\overline{\boldsymbol{X}}^*) \Delta X \\
(\overline{\boldsymbol{X}}^* + \Delta \boldsymbol{X}) \perp (1 - \overline{\boldsymbol{X}}^* - \Delta \boldsymbol{X}) = 0
\end{cases}
\tag{8-38}
$$

本实用新型不仅继承了基于代数关系描述的配电网故障定位优化模型的建模优势,且因对配电网采用分区解耦的方法,使其对多重故障具有强适应,故障诊断模块采用预测校正技术,无需对离散变量进行直接决策,故障辨识过程具有全局收敛性、数值稳定性好、辨识效率高,且具有高容错性,非常适合于大规模配电网的在线复杂多重故障辨识。同时,因直接利用地理信息系统的拓扑信息和 SCADA 的潮流运行信息,不仅通用性强且综合经济性好,还可大幅度地降低建设成本。

以上所述,仅为本实用新型较佳的具体实施方式,但本实用新型的保护范围并不局限于此,任何熟悉本技术领域的技术人员在本实用新型揭露的技术范围内,可轻易想到的变化或替换都应涵盖在本实用新型的保护范围之内。

8.9 本章小结

(1)本章以互补约束故障定位模型的研究为基础，基于代数关系描述、逼近关系理论、配电网分层解耦策略构建的故障定位层级模型，不仅继承了其建模方法跳出对群体智能算法过分依赖的优势，且克服了互补约束故障定位模型建模方案对多重故障缺乏适应性的缺陷。故障定位层级模型具有通用性好、故障辨识可靠性高、多重故障定位能力强等优势。

(2)本章提出的配电网故障定位层级模型决策求解的预测校正算法，可直接避开对离散变量的优化决策，能有效降低故障定位模型在优化决策时的复杂性。与光滑化算法相比，其收敛性具有不依赖初始点选择的优势，算法可靠性高。优化求解过程中不会增加变量数和约束条件数，具有更加高效的决策效率。

(3)本章所构建的故障定位层级模型和预测校正决策方法适用于大规模配电网馈线的单一与多重故障在线定位问题。

参考文献

[1] 杜红卫，孙雅明，刘弘靖，等. 基于遗传算法的配电网故障定位和隔离[J]. 电网技术，2000，25(5)：52-55.

[2] 卫志农，何桦，郑玉平. 配电网故障区间定位的高级遗传算法[J]. 中国电机工程学报，2002，22(4)：127-130.

[3] 陈歆技，丁同奎，张钊. 蚁群算法在配电网故障定位中的应用[J]. 电力系统自动化，2006，30(5)：74-77.

[4] 郭壮志，吴杰康. 配电网故障区间定位的仿电磁学算法[J]. 中国电机工程学报，2010，30(13)：34-40.

[5] 郑涛，潘玉美，郭昆亚，等. 基于免疫算法的配电网故障定位方法研究[J]. 电力系统继电保护与控制，2014，42(1)：77-83.

[6] 付家才，陆青松. 基于蝙蝠算法的配电网故障区间定位[J]. 电力系统继电保护与控制，2015，43(16)：100-105.

[7] 刘蓓，汪沨，陈春，等. 和声算法在含 DG 配电网故障定位中的应用[J]. 电工技术学报，2013，28(5)：280-286.

[8] 刘鹏程，李新利. 基于多种群遗传算法的含分布式电源的配电网故障区段定位算法[J]. 电力系统保护与控制，2016，44(2)：36-41.

[9] 郭壮志,徐其兴,洪俊杰,等. 配电网快速高容错性故障定位的线性整数规划方法[J]. 中国电机工程学报,2017,37(3):786-794.
[10] 郭壮志,徐其兴,洪俊杰,等. 配电网故障区段定位的互补约束新模型与算法[J]. 中国电机工程学报,2016,36(14):3742-3750.

第9章 总结与展望

9.1 总 结

配电网故障定位作为智能配网建设的重要内容,对于快速恢复用户供电和提高配电系统运行可靠性有重要作用。长期以来学术界围绕着配电网馈线故障定位问题主要提出基于电压或阻抗等电气量时变特征的定位原理,用于馈线故障距离估算。但因配电网结构及运行特征都非常复杂,导致定位准确率低。有效缩减故障测距范围,对于提高故障测距精度具有重大作用,其中馈线故障区段的高效准确辨识是缩小测距范围的有效技术措施。目前,国内外学者已提出众多类型的配电网故障定位方法,如故障测距、故障选线、故障区段定位等。随着智能化终端设备 FTU 在配电网中的大量应用,可以实时动态获取配电网运行信息,基于配电网运行状态信息的故障区段定位优化方法因原理简单、实现便捷、具有高容错性等,已成为学术界的研究热点。本书密切围绕智能配电网背景下基于智能化终端设备 FTU 的配电网馈线故障辨识的最优化技术,在论述配电网远方控制馈线自动化基础上开展馈线故障定位方法研究,研究内容包括配电网故障区段辨识的统一矩阵算法、群体优化算法、线性整数规划算法、互补优化非线性规划方法、牛顿-拉夫逊算法、层级模型的预测校正算法。主要成果如下:

(1)围绕着配电网馈线故障矩阵辨识技术的配电网拓扑结构建模、故障判定矩阵构建方法、故障定位算法等,在分析基于规格化处理的馈线故障统一矩阵算法的优势和不足的基础上借鉴其建模原理,提出含附加状态信息的配电网馈线故障统一矩阵新算法。所提出的改进矩阵算法,无须进行矩阵相乘运算,无须进行规格化处理,且能够实现对各种类型配电网单一故障、多重故障和末梢故障的定位与隔离。

(2)围绕着配电网馈线故障辨识群体优化技术的建模原理和求解方法,对当前已有故障定位群体优化方法中故障定位原理、模型和算法分析基础上,以单一故障为前提将等式约束条件隐含于适应度函数中,提出了基于遗传算法和仿电磁学算法的配电网馈线故障定位高容错性方法。在此基础上建立了配电网故障定位的统一数学模型,并运用广义分级的思想提高了配电网故障定位的效率。

(3)基于代数关系描述和最优化理论首次建立了配电网故障定位绝对值新模型,通过等价转换进一步建立了含有 0-1 整数变量的故障定位线性整数规划模型,并采用分支定界法进行决策求解,所构建的故障定位模型和决策方法可应用于大规模配电网的故障定位中,故障辨识效率高且可避免误判和错判情况。

(4)通过馈线故障状态信息互补约束条件的构建,基于代数关系描述提出配电网故障定位互补约束新模型。互补约束条件实现离散优化空间向连续寻优空间的等价影射变换,可避开直接对离散变量的优化决策,能有效降低故障定位模型在优化决策时的复杂性。构建的故障定位模型和决策方法适用于大规模配电网的馈线故障定位问题。

(5)基于故障辅助因子构建了馈线区段辨识非线性方程组模型,并采用具有并行特征的牛顿-拉夫逊算法进行求解。其对报警信息畸变的情况具有强适应性,利用其进行故障定位时具有高的容错性能,能够对配电网多重馈线故障区段进行准确辨识,单一故障下可准确辨识出信息畸变位置,对于自动化设备的维护具有指导作用。

(6)以互补约束故障定位模型的研究为基础,提出基于代数关系描述、逼近关系理论、配电网分层解耦策略构建的故障定位层级模型及其决策求解的预测校正算法,可直接避开对离散变量的优化决策,能有效降低故障定位模型在优化决策时的复杂性。与光滑化算法相比,其收敛性具有不依赖初始点选择的优势,算法可靠性高。

9.2 展 望

虽然本书基于最优化理论和代数关系描述建立了具有高容错性、强数值稳定性、多重故障定位能力,且适合于大规模配电网的配电网馈线故障辨识的最优化技术。但仍然有以下关键技术问题需要进一步研究:

(1)所建故障定位模型仅采用基于智能化终端设备 FTU 的过电流报警信息单一信息源作为故障定位模型的建模基础,虽然通过有效的故障定位模型构建可提高馈线故障辨识的准确性,但无法避免各种信息畸变情况下的信息畸变问题,因此有待进一步研究基于多源信息的配电网馈线故障区段辨识的最优化技术。

(2)随着移动式负荷和可中断负荷等主动负荷的大规模接入配电网，配电网潮流分布随机性更强，如何考虑随机性对配电网馈线故障辨识结果的影响是有待进一步研究的内容。

(3)配电网故障定位辨识的最优化技术的决策算法还存在决策过程复杂、决策效率还有待进一步提高的不足，因此更加有效的决策算法有待进一步研究。